AF340621

CONFÉRENCES
DE L'EXPOSITION UNIVERSELLE INTERNATIONALE DE 1889.

L'HORTICULTURE FRANÇAISE,

SES PROGRÈS ET SES CONQUÊTES

DEPUIS 1789,

PAR

M. CHARLES BALTET,

HORTICULTEUR,
PRÉSIDENT DE LA SOCIÉTÉ HORTICOLE, VIGNERONNE ET FORESTIÈRE DE L'AUBE
MEMBRE RÉSIDENT DE LA SOCIÉTÉ ACADÉMIQUE DE L'AUBE.

24 SEPTEMBRE 1889.

PARIS.

IMPRIMERIE NATIONALE.

M DCCC XC.

PARIS
LIBRAIRIE AGRICOLE DE LA MAISON RUSTIQUE
26, RUE JACOB, 26

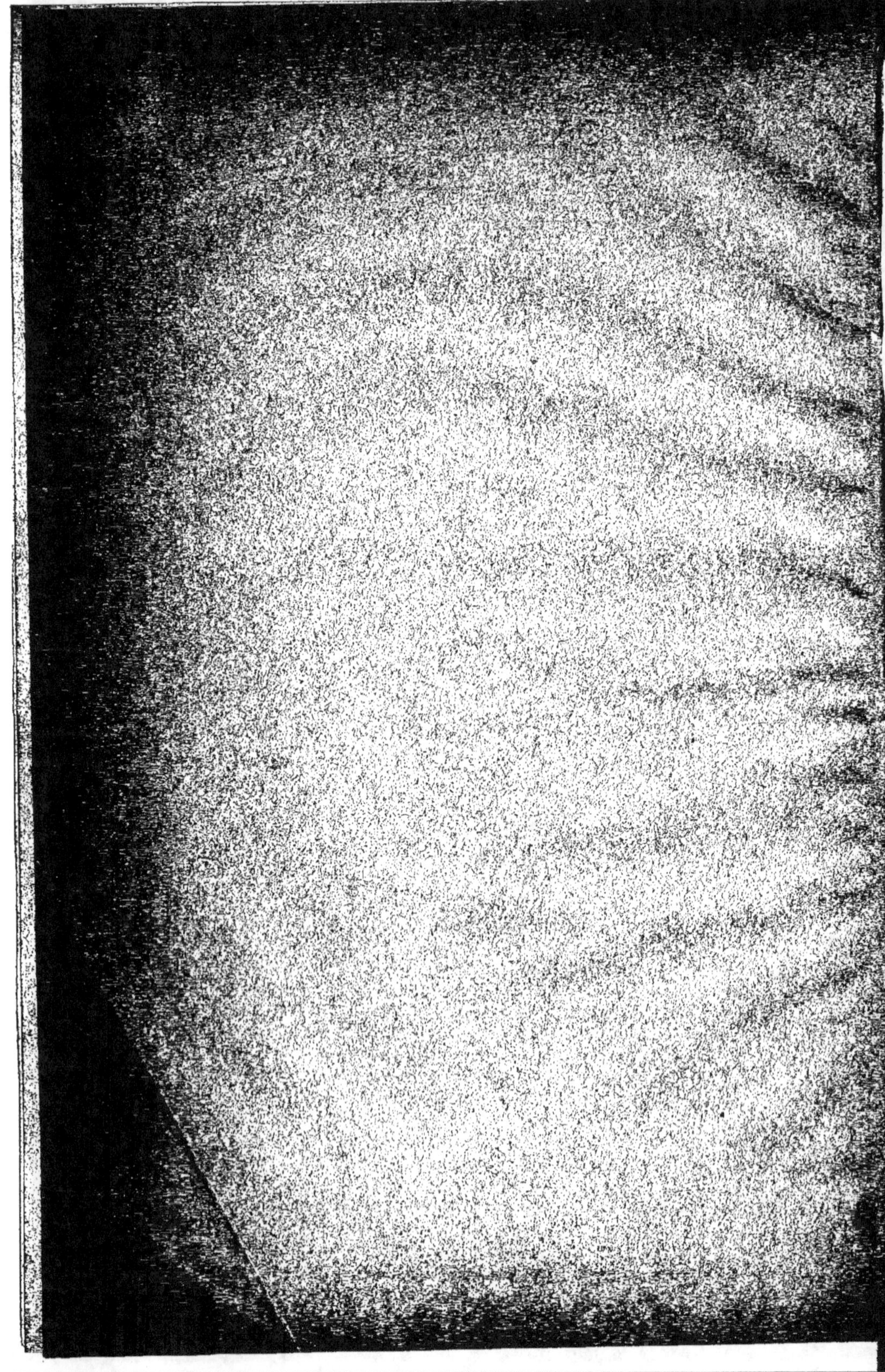

L'HORTICULTURE FRANÇAISE,

SES PROGRÈS ET SES CONQUÊTES

DEPUIS 1789.

L'HORTICULTURE FRANÇAISE,

SES PROGRÈS ET SES CONQUÊTES

DEPUIS 1789,

PAR

M. CHARLES BALTET,

HORTICULTEUR,

PRÉSIDENT DE LA SOCIÉTÉ HORTICOLE, VIGNERONNE ET FORESTIÈRE DE L'AUBE,

MEMBRE RÉSIDENT DE LA SOCIÉTÉ ACADÉMIQUE DE L'AUBE.

24 SEPTEMBRE 1889.

PARIS.

IMPRIMERIE NATIONALE.

M DCCC XC.

PARIS

LIBRAIRIE AGRICOLE DE LA MAISON RUSTIQUE

26, RUE JACOB, 26

L'HORTICULTURE FRANÇAISE,

SES PROGRÈS ET SES CONQUÊTES

DEPUIS 1789.

La période de 1789 à 1889 a été pour l'horticulture une ère de travail et de progrès incessants.

L'œuvre de nos aînés, déjà prospère et continuée avec ardeur, en développant ses moyens d'action, s'est plus vivement encore implantée dans nos mœurs avec l'esprit de famille et la vie publique. On peut dire que, malgré les agitations intérieures ou extérieures, trop souvent renouvelées, le jardinage a marché de l'avant, la tête haute, et n'a jamais quitté la voie du succès.

Les découvertes de la science et les bienfaits de l'instruction à tous les dégrés ont secondé ce mouvement général vers la prospérité du pays, les Gouvernements en ont favorisé l'essor.

A côté des projets d'État sur l'enseignement agricole, sur l'allégement des charges imposées aux travailleurs, sur les traités de commerce ou le tarif des transports de marchandises, sur la garantie des engrais, la destruction des animaux nuisibles, sur les Concours régionaux et les Primes d'honneur de l'horticulture [1], sur les statistiques, telles que Lavoisier les réclamait en 1791, nous

[1]. Les Concours régionaux agricoles ont été institués en 1857; l'Horticulture, qui s'y trouvait admise d'une façon indirecte, y est entrée de plain-pied en 1884, par la création de la Prime d'honneur de l'horticulture; deux années après, l'arboriculture obtenait sa prime d'honneur spéciale.

Pendant cette période, le Gouvernement de la République créait, le 14 novembre 1881, le MINISTÈRE DE L'AGRICULTURE et instituait, le 7 juillet 1883, l'Ordre du Mérite agricole « destiné à récompenser les services rendus à l'agriculture ».

plaçons le programme plus terre à terre des particuliers isolés ou groupés dans un but commun :

Perfectionnement des méthodes d'exploitation du sol;

Transformation des friches en cultures de rapport;

Recherche de races nouvelles de végétaux d'utilité ou d'agrément, par la voie du semis ou de l'importation;

Vulgarisation des bonnes espèces et variétés et moyens de les employer avec art et profit.

Le mot d'ordre général étant tout entier à l'émancipation, le courant devait fatalement entraîner le flot populaire vers l'esprit d'association, port de salut, de défense ou de refuge. Les amis des jardins ne tardèrent pas à fonder de leur propre initiative des Sociétés, des Cercles, des Comices consacrés plus spécialement à la réalisation du programme ci-dessus énoncé.

Depuis soixante ans [1], ces associations sont arrivées, en France, au nombre de 200 [2]; elles reçoivent les encouragements de l'administration supérieure, des départements et des villes. Les ressources dont elles disposent leur ont permis de créer des jardins d'expériences et de démonstrations, de propager par la parole ou par la plume les bons principes de culture et d'ouvrir des expositions publiques où sont admis les végétaux rares ou bien cultivés.

Lorsqu'on se reporte à la première exhibition florale qui se tint du 6 au 9 février 1809 dans un cabaret de Gand, ville française d'alors, où 46 plantes concouraient pour un prix et deux accessits,

[1] La première Société d'horticulture de Paris, aujourd'hui Société nationale d'horticulture de France, remonte au 11 juin 1827, et sa première exposition au 12 juin 1831, tandis que la Société nantaise d'horticulture, fondée en 1828, débutait le 4 octobre 1829 par une fête des fleurs.

L'agriculture française avait devancé le mouvement. Le 1er mars 1761, Trudaine et Turgot, appréciant la tentative de Gournai, à Rennes (1756), firent rendre par le Conseil un arrêt qui prescrivit l'établissement d'une Société d'agriculture dans la généralité de Paris. Un de ses présidents de section, le marquis de Turbilly, organisa les premiers concours agricoles en France, dans ses terres de l'Anjou (1755).

[2] Des centres importants : Paris, Lyon, Marseille, Lille, Rouen, Troyes, Orléans, Melun, Montmorency, ont possédé deux Sociétés d'horticulture à la fois.

et que l'on compare avec les Floralies internationales du Casino gantois et du Trocadéro parisien, où les produits se comptent par milliers, où les objets d'art et les croix d'honneur couronnent les vainqueurs... quelle révolution !

La petite avant-garde qui, le 10 octobre 1808, a jeté les bases de l'entente mutuelle, a droit à la reconnaissance de l'horticulture. Les gros bataillons sont arrivés ensuite; aujourd'hui, les Sociétés d'horticulture, c'est tout le monde.

Parallèlement à ces fêtes fréquemment renouvelées sur tous les points du territoire, se sont organisés des cours publics de culture pratique ou raisonnée, sédentaires ou nomades; ils attirent la foule et sont vivement applaudis. Nos contemporains n'ont certes pas oublié les leçons d'arboriculture données au Luxembourg par Hardy père (1787-1876), au Muséum par Dalbret (1785-1858), à Montreuil par Alexis Lepère (1799-1882).

L'action directe du Gouvernement se manifeste nettement à la fondation de l'École nationale d'horticulture de Versailles, placée immédiatement sous la direction d'un homme supérieur. N'est-ce pas une pépinière de professeurs et de jardiniers d'élite ? C'est la réalisation du vœu que nous avons formulé à la Société des agriculteurs de France dans sa session de 1872 [1]. En même temps, l'en-

---

[1] Sur la proposition de Pierre Joigneaux, publiciste agricole, député de la Côte-d'Or, et conformément aux conclusions de l'agriculteur Guichard, député de l'Yonne, rapporteur, l'Assemblée nationale, dans sa séance du 16 décembre 1873, vote la création d'une École nationale d'horticulture et son installation dans les bâtiments et les jardins du Potager du Roi, occupant une superficie de dix hectares.

L'École a pour directeur M. Auguste Hardy, directeur du Potager, et l'ouverture des classes en a été faite le 1er décembre 1874.

Sous Charles X, Soulange-Bodin (1774-1846) organise à Fromont, près de Ris, un Institut royal d'horticulture. Le cours d'horticulture professé par Poiteau (1766-1854) est un modèle du genre. La révolution de 1830 entraîna la chute de l'École.

Déjà, l'orage de 1789 avait détruit : 1° l'École de pépiniéristes créée en 1767, avec l'assistance de l'État, à la Rochette, près de Melun, par notre compatriote Moreau (1720-1791), anobli et nommé inspecteur général des pépinières de France; 2° une École de jardiniers commencée aux environs de Strasbourg par le baron de Butret.

seignement de l'horticulture est inscrit au programme des Écoles d'agriculture, des Écoles normales et des Écoles primaires [1].

De temps en temps, nous assistons à l'inauguration de colonies, d'orphelinats, d'asiles destinés à recueillir les enfants déshérités et à leur inspirer l'amour du travail et de l'exploitation du sol.

Un autre élément du progrès, la presse horticole, devait inévitablement se faire jour et grandir; il ne se fit pas attendre. Malgré les bons livres qui se succédaient, malgré les bulletins des Sociétés, on vit tout à coup apparaître des revues périodiques, des journaux exclusivement consacrés au « culte de Flore et de Pomone ». Composition soignée, illustrations au burin ou au pinceau, texte confié à de sagaces observateurs, à des docteurs ès jardinage, subvention des ministères, rien n'y a manqué. La *Feuille d'agriculture et d'économie rurale* qui débute le 12 mai 1790, puis le 3 octobre suivant, sous le titre de la *Feuille du cultivateur*, avec Brissonnet, Parmentier, Thouin, Vilmorin, supplée aux Mémoires de la Société royale d'agriculture mise en sommeil ou tenue en suspicion. Cette « Feuille » est la grand'mère de toutes les publications agricoles; cependant l'*Almanach du Bon Jardinier* date de 1754, il se renouvelle chaque année; et la *Revue horticole* [2] célèbre en ce moment la soixante et unième année de son existence, dirigée par nos amis E.-A. Carrière, l'auteur du *Traité général des Conifères*, et Édouard André, à qui nous devons le *Traité général de la composition des parcs et des jardins*.

Par son rôle multiple d'éclaireur, d'instructeur, de causeur, quand il est observé avec prudence et talent, le journalisme a son succès assuré. Les exemples ne manquent pas. En résumé, et

[1] L'enseignement agricole et les encouragements à l'agriculture s'élèvent en ce moment, au Ministère, à une dépense de 8 millions de francs, alors que, sous la Restauration, ce chiffre n'atteignait pas 90,000 francs.

[2] La presse française compte encore aujourd'hui, outre les journaux mixtes, *Le Moniteur d'horticulture* par Lucien Chauré, le *Journal de vulgarisation de l'horticulture* par Léopold Vauvel, le *Journal des roses* par Scipion Cochet, le *Lyon-horticole* par Viviand-Morel, l'*Orchidophile* et *Le Jardin* par Godefroy-Lebeuf.

quelles que soient ses erreurs ou ses incertitudes, on peut affirmer que la presse horticole a rendu et rend encore des services au pays.

De ce prisme historique, la facette la plus brillante, celle qui doit exciter l'enthousiasme d'un auditoire convaincu, sera certainement le chapitre relatif à la découverte de végétaux inédits. Les uns sont, on peut le dire, le fruit de patientes combinaisons du semeur; les autres, recueillis à grands frais, ont été arrachés à leur berceau par d'intrépides voyageurs, au péril même de leur vie.

Chercher l'inconnu! quel puissant attrait pour la jeunesse, pour les imaginations ardentes et courageuses! Explorer des contrées lointaines, franchir les obstacles, braver les dangers et rapporter à la mère-patrie tout ce qui peut charmer notre existence, ou bien ajouter une ressource nouvelle à l'alimentation publique, accroître la richesse de nos forêts, la beauté de nos jardins!... Est-il une mission plus noble?

Honneur à ces vaillants, gloire à tous ces pionniers infatigables! une couronne les attend au retour... Hélas! la fortune n'a pas souri à tous... Trop de cyprès funèbres ont remplacé les lauriers de l'espérance! La reconnaissance populaire n'inscrira pas moins leur nom au Panthéon des hommes utiles!

I. PLANTES POTAGÈRES.

En tout temps, la «lutte pour la vie» a dû guider les actions de l'homme. Pendant des siècles, il a fouillé le domaine de la végétation spontanée et cherché à l'assimiler à ses besoins.

Peu de plantes inédites sont entrées au potager depuis cent ans. Nous ne voulons pas dire que l'espoir du lucre, toujours souriant au fleuriste chercheur de nouveautés, pourrait bien occasionner ici quelque déception; mais la moisson était faite depuis longtemps et les glanages n'ont pas toujours donné satisfaction; le maraîcher a plutôt dirigé ses vues vers le perfectionnement des procédés de culture en décuplant le revenu du sol, vers l'amélioration et la sélection des espèces alimentaires déjà connues.

Cependant nos tables ont gagné quelques ressources de plus par l'étude des végétaux indigènes ou exotiques.

D'abord, la flore d'Europe, consultée lors de la maladie de la pomme de terre, nous a procuré le Cerfeuil bulbeux; sa racine est comestible. Il y a une cinquantaine d'années, Jacques (1782-1866), le jardinier de Louis-Philippe, au domaine de Neuilly, soutenu par les expériences de Bossin et de Courtois, en recommandait la valeur nutritive. Dix ans après, Vavin d'abord, Limey et Vivet ensuite, reprirent la cause en mains, et il a fallu une nouvelle période décennale pour que cette Ombellifère bisannuelle figurât dans nos expositions maraîchères et pour qu'elle fût admise au catalogue des marchands de graines.

Dans quelques mois, vous verrez le Cerfeuil tubéreux à la vitrine des restaurants de haute marque et sur le menu des gourmets délicats. Le rendement relativement faible de la plante ne lui a pas encore donné place aux marchés populaires.

Plus promptement a été accepté le Chou à jets, dit « Chou de Bruxelles ». Né aux environs de Paris, il nous serait, paraît-il, revenu aussitôt, avec cette appellation. Sa culture en étant facile et sa production abondante, il a été accepté sans hésitation. Botaniquement, ce n'est ni une espèce, ni une variété, tout simplement une déformation d'un Chou déjà connu, une race suffisamment fixée. Quelques retours au type tendraient à le prouver, surtout quand la semence est récoltée au sommet de la souche mère.

N'est-ce pas à un cas analogue de dimorphisme que nous devons le Céleri-rave? Le renflement du collet, prisé par le consommateur, est aux dépens de l'ampleur et de la densité des pétioles de la plante; mais la race est constituée, la graine la reproduit.

L'Amérique du Sud, pays de la Patate, de l'Aubergine, de Piments, nous fournit la Tomate qui franchit les Pyrénées, à la suite des guerres d'Espagne, vers 1820. Notre Sud-Ouest en a fait l'objet de cultures industrielles; à la récolte du fruit, le jardinier fabrique des conserves de tomates et les expédie aussitôt. Sous l'impulsion du jardinier académicien Charles Naudin, directeur de la station expérimentale de la villa Thuret, la région d'Antibes exploite cette Solanée en primeurs.

Le Fraisier avait déjà de nombreux représentants locaux ou étrangers parmi les petits fruits, les caprons, etc. Les types de la Virginie et de la Caroline nous étaient venus d'Angleterre, et le capitaine Freize, de notre génie maritime, avait apporté en 1714 la grosse fraise du Chili sur les côtes de Bretagne, où elle figura pendant longtemps dans les fraiseraies de Plougastel. La fraise *ananas* vint cinquante ans plus tard et étendit son aire de Brest à Angers. Quelques hybridations furent obtenues; mais les apports de l'Angleterre, par Noisette en 1824, de la *Keen's Seedling* en 1830, furent le point de départ de la série des « grosses fraises ». De nos gains français, on recommandera longtemps encore et l'excellente *Docteur Morère* de Berger (1867), et la précoce *Marguerite* de Lobreton (1859), et la tardive *Lucie* de Boisselot (1856), et la populaire *Héricart* (1849) de Jean-Laurent Jamin (1793-1876), un maître de l'horticulture pratique.

Quant au Fraisier des *Quatre-Saisons*, si avantageux, il a produit en 1819, chez Le Baudé à Gaillon, une race buissonnante, non traçante. De temps en temps, la graine donne naissance à quelque forme, à quelque coloris particulier.

Vers 1855, notre consul de Montigny (1805-1868), à Shang-Haï, nous envoie un mets délicat, une racine charnue, fusiforme, gorgée de fécule, l'Igname de Chine, Dioscoracée grimpante, avec d'autres plantes non moins utiles, le Maïs géant, le Riz sec, le Sorgho à sucre, le Soja hispida et ses variétés; ni l'une ni l'autre de ces orientales n'ont dit leur dernier mot.

Depuis, en 1882, le docteur Bretschneider, médecin de la légation russe, expédie de Pékin à notre Société d'acclimatation, fondée en 1854 par Isidore Geoffroy Saint-Hilaire (1805-1861), un tubercule de modeste apparence qui ne tarde pas à s'imposer sur les tables d'amateur; il s'agit du Stachys, Épiaire à chapelet, ou Crosne de Paillieux. Vivra-t-il plus longtemps que le Petsaï, chou de la Chine, cultivé par Pépin dès 1830; sera-t-il mieux goûté que le Daïcon, radis du Japon, exposé à Paris, en 1841, par le missionnaire Voisin, ou restera-t-il incompris comme le Fenouil d'Italie, recommandé par De Candolle (1778-1841)?

Le bagage des importations maraîchères est un peu maigre; admettons la Tétragone « Épinard d'été » rapportée de la Nouvelle-Zélande par un ami des naturalistes, Banks, de l'expédition Cook, arrivée en France trente années plus tard, vers 1802.

Mais pouvons-nous dire que le bagage est mesquin, lorsque nous touchons à la vulgarisation de la reine du potager, de la Pomme de terre? Importée depuis deux siècles, notre Solanée tubéreuse courait le monde et végétait misérablement, sans se fixer nulle part, sans dévoiler les richesses nutritives ou industrielles cachées sous sa robe de bure. Il a fallu d'abord le coup d'œil de Duhamel et de Turgot, puis la ténacité d'un savant doublé d'un philanthrope, de Parmentier (1737-1814), pour en dévoiler publiquement les mérites et l'imposer à la grande et à la petite culture. Aussi la Convention nationale, en l'an II, n'hésite-t-elle pas à exciter les cultivateurs à étendre la culture de la Pomme de terre, d'après les instructions du Comité d'agriculture.

A dater de 1842, la « Parmentière » est menacée par l'indomptable cryptogame *Peronospora infestans;* bien vite, on lui cherche des suppléants parmi les végétaux à racine charnue ou farineuse. Après la Patate élevée sur couche et le Topinambour arraché à la ferme, on a recours à l'Apios, récolté chez les Osages, en 1848, par Trécul, avec le Psoralea; on essaie les Oxalis de la Bolivie, les Capucines de Valparaiso; on soumet à la cuisson le Colocasia, le Caladium des mêmes parages; et l'Ulluco, et le Lathyrus à tubercule, sont accommodés à toutes sauces. N'avons-nous pas échappé au Solanum *anthropophagorum,* l'assaisonnement des malheureux

« blancs » égarés dans les îles Fidji...? Ô ombre de Brillat-Savarin!

Le Dahlia est revenu sur le tapis. N'est-on pas allé jusqu'à la Bryone, jusqu'au Tammus indigène et au Boussingaultia? Fort heureusement, les efforts se sont tournés vers notre précieuse Solanée, et la sélection aidant, la Pomme de terre s'est elle-même reconstituée. Actuellement, les variétés en sont très nombreuses et divisées par groupes de précoces à châssis, de tubercules pour l'alimentation de l'homme ou pour le bétail, d'espèces à féculerie, etc. La production générale en France est évaluée, par la Statistique officielle de 1888, à 103,450,988 quintaux.

Époque de la pomme de terre et de la betterave à sucre, tel sera probablement le nom donné à cette phase de notre histoire.

Si le maraîcher n'a guère de nouveautés à soumettre au consommateur, en revanche il améliore les genres cultivés et augmente la production de la terre. Avec lui, plus de jachères, suivant les conseils de Boussingault, plutôt dix « saisons » dans l'année. Peu lui importe la nature du sol, théâtre de ses exploits; le fumier, le terreau, l'eau, le verre et les paillassons lui suffisent. C'est le triomphe de la culture intensive.

En même temps, à proximité des villes, plus d'un agriculteur abandonne les céréales et consacre champs et engrais à la production maraîchère. Chaque matin, dans la saison, il amène des chariots de légumes aux Halles et s'en retourne le cœur joyeux, la bourse garnie; ce qui ne lui arrivait pas toujours avec le blé, les fourrages, les oléagineux, les textiles ou le bétail.

Une source importante de débouchés pour nos productions alimentaires est l'usine aux légumes séchés ou comprimés, destinés aux approvisionnements de l'armée, de la marine et des voyages au long cours. Cette industrie, créée vers 1846 par le jardinier Masson, de la Société d'horticulture de la Seine, était entrevue depuis six ans, à la suite des expériences sur la conservation des choux entreprises par Sylvestre et Alaine, jardiniers en chef de l'Institut royal agronomique de Grignon, d'après les conseils du professeur Philippar (1802-1849). La population parisienne se souvient des services rendus pendant le siège, et des légumes cultivés sur les terrains vagues, aux frais de l'État, sous la direction de Pierre Joigneaux et de Laizier.

Jetons un coup d'œil aux plantes potagères de grande culture.

L'Artichaut occupe de vastes surfaces en Provence, en Bretagne, dans le Laonnais, l'Anjou, la Vendée, le Poitou, le Roussillon.

L'Asperge, confinée d'abord à Argenteuil, prend ensuite ses ébats au large et s'installe un peu partout, cultivée à la main, à la charrue, ou soumise au forçage, jusqu'en Algérie.

Le Cardon et le Crambé, plus casaniers, gardent leurs positions dans le Sud et l'Ouest, malgré la succulence de leurs pétioles blanchis à l'aide de soins particuliers.

La Carotte est populaire quand même. On devance sa période par le châssis, on la retarde par le silo. La Ville de Paris, dit-on, en consomme 40 millions de kilogrammes par année.

Le Céleri s'est démembré avec le Céleri-rave; d'autre part, il a agrémenté sa tournure ou son feuillage chez quelques plants déclassés, et fait ainsi le bonheur du chasseur aux nouveautés.

La Chicorée, se prêtant à l'étiolat en cave, devient une exploitation capitale ou met en relief le type sauvage amélioré par Antoine Jacquin en 1829, et les espèces à grosse racine de Magdebourg et de Bruxelles, l'excellente Witloof.

Le Chou multipliant ses formes et se sectionnant en choux cabus, choux de Milan, choux fourragers. Les Choux-raves, les Choux-navets ne sont pas goûtés par nos populations avec l'appétit de nos voisins d'outre-Rhin. Le Chou-fleur et son proche parent le Brocoli affluent, au contraire, à Paris, arrivant de loin par wagons, ou de près par voitures complètes.

La série des Concombres anglais, italiens, grecs, turcs, russes, africains, chinois, indiens ou haïtiens, sans oublier l'humble cornichon : notre population flottante, arrivant surtout du pays des milords et des boyards, les a mis à toute sauce.

Et les Courges qui élargissent leurs rangs pour les étrangères et pour les croisements qui résultent de leur voisinage réciproque: cet élément des potages et des pseudo-compotes d'abricots est de bonne vente partout, même en boutique.

Deux plantes vulgaires, le Cresson et le Pissenlit, se ressentent de la consommation orientée vers le goût de la verdure en toute saison. Les cressonnières, façon Senlis, commencées par Cardon en 1811, ou Gonesse, par Fossiez en 1815, sont devenues une ressource pour les localités marécageuses, et souvent la « Dent de lion » rapporte plus que la prairie où elle croît volontiers. François Calais a créé le Pissenlit dit *amélioré*, vers 1860.

Les Haricots sectionnés, suivant qu'ils sont nains ou à rames, avec ou sans parchemin, ont bien vite franchi le domaine de la grande culture et gagné leur pavillon à la Halle aux grains.

Les Laitues pommées, ou romaines, sont plus d'une fois venues en culture dérobée, à l'air libre ou sous châssis.

Les Melons laissant à la plaine leurs types dits *brodés* ou de Cavaillon, pour se concentrer avec le Cantaloup et ses dérivés sous bâche ou sur couche libre. Le premier melon « mûr à point » est toujours le triomphe du jardinier placé en maison bourgeoise et le point d'honneur de la maraîchère arrivant au marché.

Les Navets à peau blanche, jaune, rose ou noire, à collet vert ou violet, font partie de la rotation de l'exploitation rurale.

Les Oignons hâtifs ou tardifs, absorbés à la cuisine avec leurs frères Ail et Échalote, sont de vente et de transport faciles.

L'Oseille alimente la table et l'usine; moins prétentieux, l'Epinard reste le « balai de l'estomac », même chez les *végétariens*.

Le Poireau traditionnel vit des égouts de la grande Ville, grâce aux travaux des ingénieurs Belgrand, Mille, Durand-Claye.

Les Pois, encore un pourvoyeur de la ferme en détresse, avec ses variétés naines, demi-naines ou grimpantes, à grain vert ou ridé. L'industrie des conserves en absorbe, à chaque saison, des millions de kilogrammes.

Les Radis d'été, d'automne ou d'hiver, longs, ronds ou courts, le jardinier les cultive à titre supplémentaire et en tire bon profit.

Nous n'avons rien dit des Champignons qui ont accaparé les carrières et autres souterrains, depuis Chambry, Heurtot, Legrin, ni de différents légumes auxiliaires, condiments ou « fournitures ».

Une foule de variétés et de sous-variétés ont été étudiées par des maraîchers de profession, par des amateurs et des jardiniers à gages. Les chefs des maisons en renom, Vilmorin, Jacquin, Bossin, Courtois-Gérard, Tollard, Guénot, Simon, etc., en ont fait la description dans les journaux horticoles pour les propager ensuite par la vente des semences ou des plants.

En outre, des races ont été créées par la sélection répétée à chaque descendance, de manière que l'hérédité des caractères en fût bien fixée. La maison Vilmorin-Andrieux, dont les chefs sont universellement connus par leurs services rendus, Philippe-Victoire Lévêque de Vilmorin (1746-1804), son fils Philippe (1776-1862), son petit-fils Louis (1816-1860), et la quatrième génération représentée par nos collègues Henry et Maurice, a transformé ainsi, au service de l'homme, des plantes industrielles, alimentaires, économiques ou ornementales.

II. PRIMEURS, CULTURES FORCÉES.

Non seulement le jardinier a supprimé la jachère, c'est-à-dire le repos du sol, mais il a su intervertir les saisons et en atténuer les rigueurs, d'abord par des abris, principalement des abris vitrés, cloches, bâches, châssis, ensuite par une chaleur factice provoquée soit par des couches de fumier, soit au moyen d'appareils de chauffage. L'eau d'arrosage est distribuée plus rapidement avec le concours de procédés mécaniques ou manuels [1].

[1] Le système d'arrosage avec réservoir aérien, conduite souterraine, lance projectrice.

Déjà, Jean de la Quintinye (1626-1688), créateur du Potager de Versailles, procurait au « Roi Soleil », qui l'avait anobli, des légumes venus hors saison, par ses soins.

En 1735, le 24 décembre, le jardinier Lenormand, successeur de la Quintinye, offrait à Louis XV, gourmand de fraises, les premiers fruits d'Ananas récoltés en France. Cinquante ans après, Tassère, jardinier du duc d'Orléans, cultivait les primeurs à Bagnolet, et Fournier adoptait les panneaux vitrés dans son *marais*, pour le cantaloup et la patate. De 1788 à 1830, les maraîchers de la banlieue de Paris : Marcès, Debille, Ebrard, Jaulin, François, Decouflé, Stainville, Quentin, Marie, Besnard, Dulac, Chemin, Gros, Piver, Robert, commencèrent la culture forcée pour le marché et suscitaient des imitateurs.

L'art du primeuriste, lent à se développer, retardé par la tourmente révolutionnaire et les guerres européennes, avait donc repris son essor. Un puissant auxiliaire arrivait à point, le chauffage à l'eau. Inventé par Bonnemain qui l'utilisait en 1777 à l'incubation artificielle, essayé en 1816 au Muséum, installé au Potager de Versailles en 1828 par Massey, inspecteur des jardins de la Couronne, le thermosiphon ne tarde pas à se perfectionner sous la conduite de primeuristes tels que les frères Grison, Gontier, Pelvilain, Crémont, Bergman, et tant d'autres. La province a suivi le mouvement, et le jardinier tout en augmentant sa fortune a grandi en considération, d'après Moreau et Daverne [1] dans leur *Manuel pratique de la culture maraîchère à Paris*, ouvrage qui obtenait en 1843 la grande médaille d'or de mille francs de la Société royale et centrale d'agriculture. Ces praticiens laborieux évaluaient la dépense en fumier d'un hectare de culture maraîchère ordinaire à

mue par le manège avec cheval, a été imaginé vers 1860, à la fois par Isidore Ponce, maraîcher à Clichy, et par Louis Boulat, maraîcher à Troyes.

[1] « ..... Jamais on n'avait vu un convoi de simple jardinier aussi pompeux, suivi de tant de confrères et d'amis..... », disait Poiteau à la Société d'horticulture de Paris, le 17 décembre 1845, en rendant compte des funérailles de Daverne, décédé l'avant-veille, à l'âge de quarante-sept ans.

N° 32.

2

200 francs, tandis que la même surface consacrée aux primeurs exigerait un matériel de 400 panneaux de châssis et 3,000 cloches, avec une dépense de 3,000 francs de fumier par an. Le thermosiphon a dû modifier encore ces chiffres.

Du potager, la bâche chauffée à feu nu ou à l'eau a gagné le jardin fruitier. Les ananas et les fraises ont vu s'installer à leurs côtés, dans la forcerie, le Pêcher, la Vigne, le Prunier, le Cerisier, le Figuier, l'Abricotier. Édouard Delaire (1810-1857) y a largement contribué. Depuis, le comte Léonce de Lambertye (1810-1877), armé de la bêche et de la plume, a mis la main à la pâte et vivement encouragé chacun à l'imiter.

Le temps n'est pas éloigné où les gazettes glorifiaient le jardinier Jamain (1787-1848) qui avait fourni des raisins mûrs au mois de mai à la table royale, lors du sacre de Charles X. De nos jours, quel est le petit bourgeois qui ne puisse se payer un luxe pareil sans trop fatiguer sa bourse ?

Le nord de la France a commencé l'exploitation commerciale des fruits de primeur. Attendons-nous à voir bientôt, comme en Belgique et en Angleterre, des palais vitrés ou de modestes « vineries » construites économiquement rapporter en toute saison des chargements de raisins. Ce ne sera pas un hors-d'œuvre d'ajouter que, jusqu'alors, le cépage qui a produit les plus sérieux résultats, récolte et revenu, est le *Black Hamburg* ou *Frankenthal*[1].

---

[1] Ce serait bien le moment de rappeler que l'Oïdium Tuckeri qui, dès 1846, s'était attaqué au *Frankenthal* des « grapperies » anglaises, fit son apparition en France deux années après, à Suresnes. Sur l'invitation du Ministre Dumas, M. Duchartre étudie le mal et conclut au traitement par le soufre, recommandé par Kyle, jardinier anglais. M. Hardy en fait aussitôt l'expérience au Potager de Versailles directement sur le cep. Bergman, à Ferrières, répand la fleur de soufre sur les tuyaux du thermosiphon. Gontier invente le soufflet projecteur, Rose Charmeux pratique le soufrage à sec sur les treilles de Thomery, en même temps que le fleuriste Marest, de Montrouge, l'appliquait au vignoble de grande culture. Tous ces pionniers appartiennent au monde horticole.

En 1840, Eusèbe Gris (1799-1849) combat la chlorose des végétaux avec le sulfate de fer. En 1884, Jules Ricand et, en 1885, Millardet luttent contre le mildew et contre d'autres affections cryptogamiqu s, avec une combinaison des sels de cuivre.

Aujourd'hui, la chaleur concentrée des bâches à primeurs lutte contre le soleil de la Provence et de l'Algérie, et supporte la concurrence du Gulf Stream, sur les côtes de Bretagne et de la Normandie. Le consommateur en profite. Les Halles reçoivent tout l'hiver des voitures ou des wagons de légumes et de fruits en vrac, en caissettes ou paniers vendus en gros ou en détail.

Le luxe des primeurs, fruits ou légumes, réservé jadis aux tables somptueuses, est démocratisé; il a été de son temps.

III. ARBORICULTURE ET POMOLOGIE.

Le verger a été l'objet d'améliorations sérieuses, mais lentes et sans éblouissements.

Les auteurs qui ont traité cette branche importante de l'horticulture nous ont laissé de sages traditions, de judicieux conseils sur le gouvernement des arbres et sur le choix des fruits à cultiver.

Les genres d'arbres fruitiers sont restés les mêmes. Notre région sud a cependant gagné de l'Extrême-Orient:

Le Bibacier toujours vert, avéc ses grappes de fruits vernaux, rappelant la forme et la couleur de la Mirabelle; importé en 1784, il est entré au verger provençal depuis 1828;

Le Mandarinier (1840) du genre Citrus, à feuilles persistantes, espèce à fruit doux, mûrissant plus rapidement que l'orange;

Le Plaqueminier du Japon (1870), se couvrant de fruits ayant l'apparence de tomates oviformes ou sphéroïdales.

Le produit de ces étrangères de luxe est demandé au Palais-Royal, à Covent-Garden, à la Sennaya de Pétersbourg.

N'y a-t-il pas là une ressource pour nos colons d'Algérie? Le même espoir ne peut-il être fondé avec le Bananier et le Goyavier de l'Inde, avec le Jambosa de la même source et l'Eugenia du Chili?

De son côté, la métropole étudie l'emploi de quelques fruits accessoires. Servirons-nous bientôt sur nos tables la baie violet-bleuâtre des Berberis magellaniques? Offrirons-nous des confitures à base de Chalef, le *Goumi* des Japonais, ou de la Canneberge, la *Cranberry* des Canadiens? Exploiterons-nous pour les liqueurs, à la façon du yankee, la *Blackberry* cueillie sur la Ronce d'Occident, alors que Simon, de Metz, nous donne le Framboisier remontant?

En poussant une pointe vers les colonies, nous trouverions certes des fruits précieux à propager : l'avocat, la mangue, le mangoustan, l'abricot des Antilles, le letchi, l'anone, la sapotille, la vanille, etc., non pas à la façon des enthousiastes de l'art, Boursault, de Parseval, Lafon, qui, dans leur serre chaude, en ont tenté la possession intime, mais comme, au siècle dernier, le capitaine Charpentier de Cossigny (1730-1809) qui emportait de Batavia la Canne à sucre à l'Île de France, et le lieutenant Desclieux transportant du Muséum à la Martinique le Caféier. Ces plantes et d'autres non moins utiles, propagées par André Thouin, Poivre, etc., ont été portées à Taïti et à la Nouvelle-Calédonie par Pancher (1814-1877), du Muséum.

Si nos espèces nouvelles sont rares, en revanche combien de variétés sont produites par le hasard ou l'étude avec les genres indigènes, Poirier, Pommier, ou chez les exotiques, Abricotier, Cerisier, Pêcher, Prunier? Le nombre est tel que les amis de la pomologie ont dû se réunir en Congrès annuels [1] pour discuter la valeur des nouvelles arrivées et admettre les plus méritantes au verger de grande culture et au jardin de l'amateur.

Les fruits dits « industriels » livrés au pressoir, à l'alambic, à la confiserie, au séchage ont été traités sur le même pied. Le fruit à cidre est désormais analysé, réglé, combiné à volonté; il a ses historiens, ses congrès, ses expositions publiques [2].

[1] Le premier Congrès pomologique s'est tenu à Lyon le 20 septembre 1856, sous les auspices de la Société d'horticulture pratique du Rhône. Nous avons eu l'honneur de le présider. La Société pomologique de France, créée ensuite, continue l'œuvre par ses sessions nomades et ses publications.

[2] L'étude des fruits de pressoir, commencée au Congrès d'Angers le 12 octobre 1842, se continue avec l'Association pomologique de l'Ouest. Après les ouvrages de Renault (1819), de Odolant-Desnos (1821), le livre *Le Cidre* (1815) par de Boutteville et Hauhecorne expose la véritable formule du cidre et du poiré.

La question de rusticité de l'arbre aux rigueurs de l'hiver a reçu solution par la terrible épreuve de 1879-1880, réédition des catastrophes de 1709 et de 1789. Nous avons enregistré le nom des victimes et le nom des « réchappés ». La leçon ne sera pas perdue. Faut-il rappeler la rusticité des Poiriers *Baltet père* et *Urbaniste*, suivis de près par *Beurré Hardy, Joséphine de Malines, Doyenné d'hiver*, la résistance à peu près complète des Pommiers précoces de race septentrionale et de *Transparente de Croncels*, des Cerisiers franc et Griottier, du Prunier Reine-Claude, etc. ?

Une statistique intéressante à faire serait l'indication des stations fruitières et de leur rendement, et l'étude des fruits locaux ou des fruits localisés. Le tableau serait complété par les arrivages au marché et aux gares d'expéditions, la Bourse des fruits ayant une importance qui se chiffre par millions de francs.

Déjà, en 1789, la réputation de Montreuil était faite; mais on ignorait la valeur des collines sablonneuses de Triel pour l'abricot et les primeurs; la Lorraine soupçonnait à peine l'avenir de la *Mirabelle* et le sous-sol riche en sève de la région de Thomery attendait l'initiative d'hommes intelligents pour en faire éclore cette mine féconde de *Chasselas!* La conservation du raisin frais, à rafle verte, indiquée, dès 1846, par l'amateur Bouvery et par l'arboriculteur Louis Verrier (1812-1867), a été commencée à Thomery, par Valleaux, cultivateur. Les modifications apportées au procédé sont particulièrement dues à Étienne Salomon.

Déjà, avant la Révolution, les Pommiers à cidre de la Normandie, de la Bretagne, de la Picardie constituaient une ressource pour la famille rurale; mais les vergers protégés par les Cévennes, par les Alpes ou les Pyrénées n'actionnaient pas encore l'industrie florissante de la confiserie des fruits.

A peine l'Algérie pouvait-elle supposer que des orangeraies surgiraient de la campagne de Blidah et qu'il s'élèverait des oasis de Dattiers dans le Sahara irrigué! A peine la Corse songeait-elle à susciter une concurrence aux Cédratiers de l'Italie!

On peut dire que notre époque a vu naître ou grandir les figue-
ries d'Argenteuil, les champs de cassis et de framboises de la
Bourgogne, les fraiseraies de la vallée de la Bièvre, les cerisaies
de l'Auxerrois et de l'Ardenne pour la consommation directe, celles
de la Franche-Comté et des Vosges pour le kirschen-wasser, les
plantations si lucratives de Poiriers des bords de la Loire, les
pruneraies à pruneaux de la Touraine, de l'Alsace, de l'Agenais,
véritable capital à gros intérêts, celles-ci augmentant de vingt
millions de francs l'encaisse de la Banque de France à Agen.

Quant aux noix du Dauphiné, aux noisettes du Roussillon,
quant aux amandes de la Provence et aux châtaignes de notre
centre montagneux, les moyens de transport étaient trop restreints
et les échanges internationaux trop limités pour que ces denrées
si robustes aux voyages aient agrandi leur aire territoriale.

Cette facilité de voyager rapidement a été un facteur puissant
de la vogue qui s'attache au Poirier. Son fruit a des représentants
chaque mois de l'année, et la France est pour ainsi dire son habitat
de prédilection. Après les murailles des couvents et des manoirs
qui abritaient les *Beurré*, les *Doyenné*, les *Crasanne*, les *Saint-Ger-
main*, les *Bon-Chrétien*, réservés à la table de leurs propriétaires, se
sont dressés les espaliers de la Normandie ou du rayon de Paris
destinés à ces mêmes poires délicates en plein vent, et qui sont
vendues sur le marché des grandes villes de l'Europe.

Nous ne voulions pas de détails, mais pouvons-nous passer sous
silence des fruits locaux comme *Monsallard*, du Sud-Ouest, *Beurré
d'Apremont*, du Nord-Est; des fruits de marché, la poire *Curé;* ou
les enfants du hasard, *Beurré d'Amanlis* (1770), *Duchesse d'An-
goulême* (1809), *Triomphe de Vienne* (1864); ou les gains de
nos semeurs, *Beurré Giffard* (1840), *Madame Treyve* (1856),
Beurré Lebrun (1862), *Beurré Hardy* (1830), *Beurré superfin* (1844),
Doyenné du Comice (1849), *Charles-Ernest* (1874), *Beurré Diel*
(1817), *Olivier de Serres* (1861), *Passe-Crasanne* (1855), *Berga-
mote Esperen* (1830), *Charles Cognée* (1876)? Quelle belle suite à

nos exquises *Louise-bonne d'Avranches* (1780), *Passe-Colmar* (1752), *Beurré d'Hardenpont* (1759), *Doyenné d'hiver....!*.

La poire parfumée, *Williams*, d'origine anglaise (1770) a été connue et propagée, en France, dès le commencement du siècle.

Salut aux semeurs patients et persévérants d'arbres à fruits!

Le contingent belge suffirait à la gloire du pays. Salut au chanoine d'Hardenpont, au pharmacien van Mons, au major Esperen, au tanneur Grégoire! Hommage à nos compatriotes, à Prévost, à Léon Leclerc, à Bonnet, à Millet et Goubault du Comice d'Angers, à Jamin, à Luizet, le vulgarisateur de la greffe de boutons à fruits, à André Leroy, à Baltet Lyé-Savinien, à Pierre Tourasse, à Blanchet..., à tous les semeurs vivant encore. Un respectueux souvenir à l'éminent Alphonse Mas (1817-1875), le premier pomologue de notre temps, l'érudit auteur du *Verger*, et à l'artiste si compétent en carpologie Théodore Buchetet (1824-1883), l'inimitable auteur de collections plastiques destinées à l'enseignement.

Et les pommes? Quoique le même mouvement ne se soit point produit, le perfectionnement y perdrait-il ses droits? Ne sommes-nous pas en rapport d'échanges avec la Belgique, la Hollande, l'Angleterre, l'Allemagne, la Russie, les États-Unis? Nous sommes riches en fruits de table ou de cuisine, de séchage ou de pressoir; mais nos pommes exquises de Calville, nos Reinettes excellentes, jusqu'à notre sémillante pomme d'Api, sont toujours dignes du rang supérieur que leur attribuaient de sagaces auteurs, Claude Mollet en 1652, La Quintinye en 1690, Roger Schabol en 1767, Duhamel en 1768, Le Berriays en 1775, de la Bretonnerie en 1784, abbé Rozier en 1786, Dupetit-Thouars en 1787.

A leurs œuvres remarquables, nous pourrons joindre celles de Butret (1793), de Calvel (1803), de Poiteau et Turpin (1807), de Noisette (1813), de Lelieur (1817), de Prévost (1827), de Dalbret (1829), de Sageret (1830), de Hardy (1853), de Decaisne (1857), de Mas (1865), de Leroy (1867), et des vivants : Dubreuil, de Mortillet, Forney, Jamin, Thomas, Delaville...

Le Pêcher [1] a ses propres auteurs. A de Combles (1745), succèdent : en 1806, Sieulle ; en 1814, Mozard, élève de Pépin (1722-1802), qui récoltait à Montreuil jusqu'à cent mille pêches ; en 1831, Bengy-Puyvallée ; en 1841, Alexis Lepère et Félix Malot.

La pêche a vu s'étendre la période de sa maturation par l'arrivée, en 1876, des précoces *Amsden, Rouge de mai de Brigg, Précoce de Hale*, etc., d'origine américaine.

L'arboriculture fruitière, directement liée à la pomologie, n'est pas restée stationnaire. Les bons livres traitant de l'éducation et de l'entretien des arbres fruitiers se sont répandus un peu partout. En même temps, des cours d'arboriculture organisés par les professeurs eux-mêmes, par des Sociétés, des administrations locales ou par le Ministère de l'agriculture faisaient pénétrer dans les masses populaires le goût de l'horticulture, tout en instruisant l'amateur sur la direction du jardin fruitier.

L'art du pépiniériste s'en est ressenti et s'est mis au pas de cette marche entraînante. La bonne réputation de la pépinière des Chartreux installée sur les terrains actuels du Luxembourg, d'après les indications du ministre Chaptal, dispersée par la Révolution, les débris reconstitués en 1809 par Christophe Hervy fils (1776-1829), déjà chargé du cours de taille, et l'élan donné par l'État dans la création des pépinières départementales en l'an x ont singulièrement élevé le côté moral du commerce horticole.

Ministre de l'intérieur sous le Directoire, l'agronome François de Neufchâteau (1750-1828) rendit un arrêt, le 22 fructidor an v, offrant des récompenses pécuniaires aux créateurs de pépinières ou de plantations d'arbres fruitiers, de Mûriers, d'Oliviers, de Châtaigniers, d'Ormes, etc. Les pépinières d'Orléans, de Vitry, de Bollwiller, de Metz eurent bientôt des rivales.

Entre autres améliorations de la pépinière, notre époque peut revendiquer la préparation d'arbres formés (commencée par Jamin,

[1] La classification du genre Pêcher, basée sur les glandes de la feuille, a été commencée en 1810 par Poiteau, sur les indications de Desprez, député d'Alençon.

Frédéric Savart, suivie par Croux, Dupuy-Jamain, Cochet, notre père vénéré.....), l'extension donnée au bouturage par œil, au greffage herbacé ou sur racine, le labour à la charrue proposé à Simon Louis, en 1830, par un élève de Mathieu de Dombasle (1777-1843), le sulfatage des tuteurs (procédé Boucherie, 1840).

Plus près de nous, l'arboriculture de cette fin de siècle aura droit à la reconnaissance publique par son concours prêté à la viticulture menacée dans son existence. Est-ce que le vignoble ne doit pas à la pépinière la greffe des cépages vinifères sur plant résistant à l'ennemi souterrain[1] ?

Arboriculture, pépinière, pomologie se sont constamment maintenues au premier rang dans le monde horticole.

IV. DENDROLOGIE.

La Dendrologie marquera dans cette étape séculaire par l'extension donnée à nos collections arborescentes destinées au peuplement des forêts, au décor des parcs et des jardins.

Les importations fréquentes et les semis combinés qui s'en suivirent vinrent élargir le cadre de nos espèces nationales en leur apportant des congénères de l'Orient ou de l'Occident.

La science botanique, à laquelle appartiennent les De Candolle, les Lamarck, les Desfontaines, les De Jussieu, les Dumont de Courset, les Brongniart, les Decaisne, les Naudin, les Duchartre, science précieuse dans les études horticoles, a pu enregistrer des genres inédits qui, maintenant, font partie du domaine de la sylviculture ou de l'horticulture ornementale.

Tandis que nos plantes modifiaient, çà et là, la disposition de

[1] Le 8 août 1869, dans une lettre à M. Gaston Bazille, président de la Société d'agriculture de l'Hérault, qui nous consultait sur ce point, nous recommandâmes le greffage de la vigne sur plant robuste, par exemple le *Vitis riparia* des États-Unis, réfractaire à nos gelées d'hiver. Trois mois après, au Congrès viticole de Beaune, M. Laliman, du Bordelais, signalait les cépages américains au rôle de porte-greffe.

leur branchage, la coloration de leurs feuilles ou les nuances de leurs fleurs, nos parcs recevaient des pays étrangers une collection de Chênes magnifiques, de Hêtres à grande feuille, d'Érables vigoureux, de Frênes et d'Ormes à bois dur, de Bouleaux à beau port, de Gainiers robustes, d'Épines à gros fruit, de Tilleuls élancés ou à beau feuillage, de Peupliers[1] qui se sont installés dans nos prairies et qui font la fortune de leurs exploitants.

Ces nouvelles figures ont fait souche de variétés, pures de race ou croisées avec nos indigènes. Leur vie de famille est allée jusqu'à s'abriter mutuellement, jusqu'à se féconder ou se greffer réciproquement les unes avec les autres.

Depuis les plantations renommées dans le Gâtinais par Duhamel de Monceau (1700-1782) et Lamoignon de Malesherbes (1721-1794), les arboretums du Muséum, de Trianon, des Barres, de Baleine, d'Harcourt, de Cheverny, de Pouilly, de Segrez ont groupé ces différentes espèces dans un but d'études. Y verrons-nous jamais le Fagus betuloïdes toujours vert rapporté par Paul Hariot, botaniste de la Mission scientifique française de 1882-1883 au Cap Horn?

En jetant un coup d'œil sur les genres inédits, il nous sera permis de remonter un instant avant la première République et de signaler les essences arborigènes qui sont venues réjouir nos pères et commencer la transformation végétale de l'ancien continent :

Le port majestueux du roi des arbres en fleur, le Marronnier d'Inde, transporté de Constantinople à Paris, dans le jardin du duc de Soubise en 1615, par Bachelier;

La ramure imposante du Platane oriental (1754) ou occidental;

La floraison élégante du Robinier. Le premier plant, reçu à l'état de semence des sols fertiles de l'Union, en 1601, par Jean Robin, vit encore au Muséum de Paris. Ses variétés récentes, Robinier

---

[1] Le Peuplier pyramidal ou d'Italie trouvé dans la Russie d'Asie est arrivé à Moret, par la voie italienne, vers 1749.

Le Peuplier blanc pyramidal a été apporté du Turkestan, il y a trente ans. — Le Peuplier «régénéré» fut trouvé en 1814, dans une pépinière d'Arcueil.

monophylle (1855), Decaisne (1862), remontant (1872), se plaisent en groupes ou en lignes homogènes ;

L'aspect floral toujours magnifique du Catalpa de la Caroline ;

La vigoureuse stature du Noyer noir, essence industrielle des mêmes parages septentrionaux ;

L'attitude superbe du Tulipier de la Virginie. Les premières graines de cette belle Magnoliacée, recueillies par La Galissonnière, furent semées à Trianon, en 1732 ;

Le « monte au ciel » des Chinois, l'Ailante de nos boulevards, arrivant au Muséum en 1751 ;

Les inflorescences du Sophora japonais, envoyé vers 1747 par le P. d'Incarville, fleurit trente ans après. Le hasard a produit en 1813, à la fois chez Jolly à Paris et chez Jouet à Vitry, cette curieuse variété à rameaux retombants, fleurissant cinquante années plus tard, et rarement depuis ;

La série des Magnoliers des Deux-Mondes, admirable dans son feuillage ample et dans sa floraison à grand effet ;

Le Février, original par ses moindres détails, hérissé de défenses terribles, compatriote du Robinier ;

Le robuste Bonduc canadien (1748) ; nos plus beaux exemplaires ont été détruits par l'ennemi au siège de Metz… ;

Les allures indépendantes du Virgilier d'Amérique ;

Le Liquidambar résineux ou Copalme, à l'écorce subéreuse, au feuillage sanguin vers la fin de l'été ;

Le Sassafras, qui se ressème dans les Landes ;

Quelques Paviers aux épis colorés crème ou groseille ;

Le Gingko, venu de l'Extrême-Orient en 1754, qui a pu fructifier en 1812, à Montpellier, à la suite du greffage des deux sexes sur le même sujet, par Delile. A l'aspect de son feuillage caduque, élargi en éventail, croirait-on qu'il appartient à la famille des Sapins, des Ifs et des Cyprès !

Cette Famille sera traitée plus loin ; toutefois nous pouvons dire qu'en 1789 nos collections avaient déjà acquis le Biota de l'Asie orientale et le géant syrien, le Cèdre du Liban, devenu légendaire par la plantation, en 1735, du spécimen bien connu au Jardin des Plantes de Paris. Cent ans plus tôt, nous recevions de l'Amérique boréale un vigoureux Genévrier qui porta assez longtemps le nom de « Cèdre de Virginie ».

Pendant la Révolution, et depuis, l'importation continue à augmenter le nombre des genres et des espèces d'arbres et d'arbustes d'utilité ou d'ornement. En voici quelques exemples :

1° De l'Amérique du Nord :

Les Caryers, petite noix comestible, bois nerveux, le « Hickoria » de 1808, son nom primitif;

Le Maclure, dit « Oranger des Osages » (1823), qui pourrait seconder le Mûrier dans l'industrie séricigène;

Le Marronnier à fleur rouge (1812), décoratif au premier chef;

Le Négondo, mieux connu par sa variété à feuille panachée de blanc, trouvée en 1846 par Froument, de Toulouse;

Le Ptéléa, capable, par ses fleurs ou son fruit, de faire concurrence au Houblon dans les brasseries;

Le Tupelo aquatique, avec son feuillage teinté à l'arrière-saison et son fruit pruniforme.

2° De l'Extrême-Orient :

Le Broussonetier au feuillage original, base du papier de Chine avec le Kadsura, l'Edgeworthia, le Buddleia;

Le Cédrèle, faux acajou, de la Chine nord (abbé David, 1862);

Le Koelreuteria de Chine (1789), singulier dans ses détails;

Le Paulownia, « Kiri » des Japonais, le seul arbre portant des fleurs bleu-pervenche, au bois léger, non variable. Importé en 1834, par le vicomte de Cussy, au Muséum, où il a épanoui ses premières grappes florales dressées, le 27 avril 1842; Neumann, Pépin, Paillet le multiplièrent par le bouturage des racines;

Les Planères et les Ptérocaryers, fréquents de la mer Noire et de la mer Rouge jusqu'à la mer Jaune;

Le Sterculier de la Chine, arbre superbe, de Nice à Bordeaux.

A cette zone revient la légion des Bambous, Graminées de première nécessité chez les peuples de l'Asie orientale, de l'Afrique australe, de l'Océanie, étudiées au Jardin du Hamma (1832), à Alger et à la Villa Thuret (1855), à Antibes. Notre expédition au Tonkin a démontré l'urgence de boiser avec le Bambou les glacis et les abords de nos fortins, quand le climat s'y prête.

3° Des Indes asiatiques :

Quelques arbres curieux à noter par le touriste dans les jardins de notre région méridionale :

L'Azédarach, « Lilas des Indes », au feuillage élégant, aux thyrses purpurines, reçu antérieurement de la Syrie ;

Le Lagerstrémia, à l'écorce lisse, douce au toucher, aux grappes de fleurs carminées, souvent accompagné, dans les plantations, des Poincianas, des Casses et des Nériors.

4° Explorées plus récemment, quoique d'une façon incomplète, les îles de l'Océanie ont doté nos rivages maritimes de végétaux étranges dans leur expansion arborescente et florale.

Les vigoureux Eucalyptus qui vont assainir les marécages fiévreux et permettre à l'homme d'habiter les localités insalubres, Ramel les propage en 1856, et dès aujourd'hui il en existe des plantations considérables en Algérie et de Toulon à Gênes. Lors de l'expédition ordonnée par le Gouvernement de la République à la recherche de La Pérouse [1], La Billardière (1755-1834) signalait dans la Terre de Van Diémen, le 6 mai 1792, ces géants mesurant 100 mètres de flèche sur une culée de 40 mètres d'assise. Aidé du jardinier Delahaye, il en introduisit l'espèce en France.

[1] Le sort de La Pérouse fut partagé par le jardinier Collignon, du Muséum, chargé de répandre dans les îles de la mer du Sud des semences de végétaux utiles.

L'expédition du capitaine Baudin (1799), en voyage de découvertes, vit également périr, victimes de leur zèle, à l'île de Timor, Tautier et Riedlé, du Jardin des plantes. Plus heureux, Guichenot rapporte, en 1804, l'Eucalyptus et des Protéacées.

En 1819, le Ministère De Cazes envoie Plée, Havet, Godefroid, jeunes botanistes du Muséum, explorer Madagascar et l'Amérique du Sud; ils y trouvèrent une mort prématurée !

Les Mimosas, cette ravissante série d'Acacias à l'aspect féerique par ses frondaisons au moment de leur épanouissement en pluie ou en gerbes d'or, les délices des villas de la région cannaise.

Quelques jolies exotiques sont venues les rejoindre, entre autres le Faux-Poivrier, *Schinus Molle*, du Pérou, arbre gracieux en hiver avec ses panicules de petits fruits rose-groseille.

Et cette collection de végétaux connus sous le nom classique de «plantes de la Nouvelle-Hollande», comprenant Banksia, Callistémon, Casuarina, Chorizème, Coprosma, Correa, Grevillea, Hakea, Kennedya, Melaleuca, Metrosideros, Myoporum, Olearia, Pimelée. Ces végétaux australiens, de grande taille ou simplement buissonneux, deviennent plantureux sur les plages bénies de la mer bleue prenant naissance à Hyères et se fondant en Italie; et les coquettes insulaires succédent aux Oliviers, aux Caroubiers, aux Pins d'Alep, aux Lentisques, aux Chênes verts, comme les fleurs parfumées succèdent aux broussailles du chemin!

Nous arrivons ainsi aux arbrisseaux de moyenne taille, aux arbustes suivant l'expression consacrée; la récolte sera abondante.

Depuis un certain temps, quelque navigateur, quelque voyageur libre ou officiel, de nationalité française, anglaise, hollandaise, belge, espagnole, russe, portugaise ou d'outre-Rhin, rapportait une plante inconnue et il en distribuait les graines ou la confiait à un établissement scientifique ou industriel. Celui-ci l'étudiait, cherchait à la déterminer, à la multiplier, à la répandre.

La nouvelle venue était déjà représentée dans nos arboretums par des espèces similaires; mais elle n'était pas moins bien accueillie, choyée et gagnait facilement sa place au soleil. En effet, nos jardins, nos pépinières ont reçu des Bourgènes, par exemple le *Lo-za* des Chinois (*Rhamnus utilis* et *chlorophorus*) si précieux dans la teinture des étoffes en «vert de Chine», des Buis, des Chalefs, des Chèvrefeuilles, des Clématites, des Épine-vinettes, des Fusains, des Groseilliers, des Houx, des Lauriers, des Lilas, des Rosiers, des Spirées, des Tamarix, des Troènes, des Viornes, à feuilles caduques ou à feuillage persistant, mais s'éloignant par leur aspect de nos types cultivés.

Quelques-uns de nos arbres fruitiers se sont vus métamorphosés en arbustes de pur ornement. La fée asiatique a couvert l'Amandier et le Pêcher de corolles blanches, roses ou purpurines, unicolores ou panachées, simples ou doubles; sa baguette a parsemé Reine-Claudiers et Guigniers de fleurettes multiples, neigeuses ou lilacées. Le Pommier a été touché; au printemps, il est chinois par sa floraison gracieuse; à l'automne, sous le nom de baccifère, on le croirait couvert de cerises ou de petites mirabelles.

Le genre Véronique, indigène, a reçu de la Nouvelle-Zélande et de l'Amérique australe quelques espèces ligneuses, se couvrant d'épis floraux à la fin de la saison et qui sont ainsi devenues de bonnes plantes de parterre ou de marché.

Le Lilas, introduit en Europe (1562) par Busbeck, ambassadeur des Pays-Bas à Constantinople, augmenté plus tard du Lilas de Perse, dont nos jardiniers ont tiré les Lilas *Varin* (1777), *Saugé* (1809), etc., a reçu deux espèces bien distinctes : le Lilas *Josikea* (1833) de la Transylvanie, le Lilas *Emodi* (1843) de l'Himalaya, celui-ci se rapprochant du Chionanthe. Nos semeurs ont obtenu des Lilas aux nuances claires ou sombres; ils ont créé la série à fleur double, par une fécondation combinée... Demandez à Victor Lemoine! Et nous voyons des centaines de mille plants du Lilas commun dans les plaines d'Ivry et de Vitry, pour approvisionner les serres parisiennes où se pratique le blanchiment de la fleur à l'aide du chauffage intense et rapide de l'arbuste et de la privation de lumière, procédé commencé par le praticien Mathieu, de Belleville, il y a bien cent ans! Vinrent ensuite Quillardet, Decouflé, Jolly, enfin Laurent aîné, qui, à lui seul, vers l'année 1870, forçait 20,000 Lilas par saison; aujourd'hui, la concurrence existe jusque dans les serres de Nice!

Parmi les arbustes qui ont, comme les précédents, dépassé les espérances, signalons d'abord le vieux Dierville américain. Ses frères de l'Empire du milieu, nommés, par erreur, « Weigela », sont nombreux et des plus ravissants au premier printemps ; ensuite la Clématite[1]. Quelle distance entre nos lianes et ces charmantes japonaises aux larges corolles azurées, mauve, ivoire ou incarnat, qui ont fait l'admiration des explorateurs Kæmpfer, Thunberg, Bunge, Siebold, Fortune, Savatier, et qui, dès 1836, fleurissaient les serres de Paillet, de Bertin, des frères Cels !

N'est-ce pas ainsi que le Rhododendron pontique, contemporain de Tournefort (1656-1708), a ouvert ses rangs aux espèces des Deux-Mondes? D'abord le Rosage en arbre (1796, Inde et Népaul), puis le Rhododendron du Caucase (1803); ensuite le robuste de Catawba (1809, Virginie et Caroline du Nord), et les types polaires de la Daourie, de la Laponie, du Labrador, de 1802 à 1825.

Nous passons quelques espèces secondaires pour arriver, de 1821 à 1869, aux superbes Rosages du Sikkim, du Bootan, de l'Himalaya, signalés par notre infortuné Jacquemont, recueillis par Booth et Hooker, et qui semblent avoir retrouvé leur habitat sur le littoral à Cherbourg. Quant aux Rhododendrons de la Malaisie trouvés par Law et Lobb en 1840, et dont la première floraison s'est présentée à Sceaux, chez Thibaut et Keteleer; quant à ceux du Yunnan, de l'abbé Delavay, ils s'éloignent des races primitives, sans pour cela se rapprocher des Azalées, que la science confond avec le Rhododendron au point de vue générique.

Le groupe de l'Azalée comprend différentes sections. Dès 1734, plusieurs districts de l'Amérique du Nord nous transmettaient leurs espèces : Azalea *bicolor*, *glauca*, *nudiflora*, *hispida*, *viscosa*; après 1830, nous recevons les Azalea *calendulacea*, *canescens*, *arborescens*. Dans l'intervalle, en 1793, l'Asie-Mineure nous gratifie de l'Azalée pontique qui va devenir un sujet porte-greffe de ses congénères. La Chine et le Japon nous font connaître de charmantes et robustes

[1] La monographie du genre Clématite a tenté la plume d'hommes marquants de notre siècle : l'anglais Lindley (1799-1865), l'américain Asa Gray (1810-1888), le français Alphonse Lavallée (1836-1884).

espèces : Azalea *amœna, liliiflora, vittata, narcissiflora, punicea*, entre autres l'Azalée *mollis* (1823) qui s'est prodiguée, par le semis, en individualités toujours belles et floribondes.

Presque tous ces types orientaux et certaines variétés indiennes ont bravement supporté les 25 degrés de froid, au mois de décembre 1870, sans feu ni lieu, en pleine terre à Sceaux, les propriétaires de l'Établissement et leur personnel ayant été brusquement refoulés par l'invasion ennemie.

Où la nomenclature des variétés s'est élargie, où la fleur a varié ses nuances, panaché et doublé sa corolle, c'est certainement avec l'Azalea indica, arbuste rapporté de l'Inde en 1680, disparu en 1768, mais revenu plus tard. Supposerait-on que la France, la Belgique et l'Angleterre en vendent plusieurs millions de sujets chaque année, pour fleurir les boudoirs, les jardins d'hiver, les expositions printanières ? Savez-vous que la grande majorité des Azalées de l'Inde, des Rhododendrons et des Camélias ont dû passer sous le greffoir du multiplicateur et vivre de terre de bruyère ? L'habileté du praticien Bertin père, de Versailles, aujourd'hui nonagénaire, n'a pas été dépassée dans cette culture.

A lui seul, le Camélia ne présente-t-il pas un siècle de progrès dans ses transformations rapides et merveilleuses ? De 1794 à 1810 pénètrent en Europe quelques Camélias à fleur double ; le type à fleur simple rapporté du Japon par l'Italien Camelli les ayant devancés d'une soixantaine d'années. Depuis, quels prodiges ! quelle légion de variétés au coloris passant du blanc de marbre au rouge ponceau ! A son apogée, la reine de nos plages maritimes et de nos fêtes vernales a ses fervents et ses littérateurs. Les collections Cels, Soulange, Godefroy, Berlèze, Tamponet, Fion, Lemichez, Courtois, Paillet, Durand, Cachet, Marie, resteront célèbres.

Dans le monde des plantes, le sceptre floral appartient sans conteste au Rosier. A notre époque revient l'honneur des croisements entre nos races européennes et les fraîches et brillantes filles parfumées de l'Asie, de l'Afrique, de l'Amérique.

Acclamée par les suffrages, digne d'une situation aussi élevée, est-il étonnant de savoir la reine des fleurs dotée d'une cour, entourée de courtisans et chantée par les poètes? Des fêtes publiques sont consacrées à sa gloire. Nous-même avons pris une part active aux premières expositions de roses, à Fontenay-aux-Roses, à Bric-Comte-Robert, à Troyes, au titre d'exposant, de membre du jury ou de président organisateur.

Les enfants légitimes, directs ou adultérins du Rosier sont tellement nombreux que la surface du Champ de Mars ne suffirait pas à loger toute la lignée. Nous pouvons dire avec un certain orgueil national que la Rose est le grand succès de l'exposition florale, comme elle est le triomphe de l'horticulture française.

A force de chercher la rose bleue, nos horticulteurs n'ont pas perdu la rose rose, suivant un mot historique. Les noms de semeurs tels que Hardy [1], Desprez, Prévost, Laffay, Vibert, Guillot, Verdier, Portemer, Lévêque, Ducher, Lacharme, Pradel, Jamain, Pernet, Levet, Margottin, sont liés à l'histoire et aux progrès de la rose. Mais combien manquent à l'appel parmi les types peints par Redouté (1759-1840), décrits par Thory (1759-1827)? Où sont les 1,020 noms inscrits au catalogue de Prévost en 1829?

En 1811, l'*Almanach des roses* de L. Guerrapain (1754-1821), dédié aux Dames, imprimé à Troyes, énumérait déjà près de deux cents variétés de Rosiers, parmi lesquelles six seulement, de la tribu de Bengale [2], sont remontantes.

[1] « ... M. Hardy est le plus passionné, le plus éclairé, le plus favorisé des amants de Flore... » Et cet homme heureux a vécu quatre-vingt-dix ans !

[2] Les rosiéristes ont créé des tribus empruntant leur nom à l'origine du type. Le Rosier *de Bengale* provient de cette contrée de l'Inde et a été apporté au Muséum, vers 1798, par le chirurgien Barbier; le Rosier *de Noisette* fut expédié de l'Amérique du Nord, en 1814, par Philippe Noisette à son frère Louis, horticulteur à Paris; le Rosier *de l'Île-Bourbon* a été trouvé dans cette île par Bréon, directeur des jardins royaux, et envoyé à Jacques, de Neuilly, en 1817; le Rosier à odeur de *Thé* apporté de l'Inde en Angleterre par Colvill, vers 1789, vient en France vingt ans après; enfin, les Rosiers dits *hybrides*, produit du croisement entre ces derniers et les anciennes tribus d'origine orientale, *musquée*, de *Provins*, *Damas*, *Centfeuilles*, etc. Les premières fécondations

Quelques années plus tard, en 1818, un autre compatriote, le comte Lelieur (1765-1849), intendant des parcs de la Couronne, dédiait à Louis XVIII la *Rose du Roi*, gagnée par Souchet, au fleuriste de Sèvres, en 1816; cette favorite des boutonnières a, sur la charmante *Pompon de mai*, l'avantage d'être perpétuelle.

Notre déesse est réellement perpétuelle. Lorsque les roseraies de Paris, de Brie, de Lyon, d'Angers, d'Orléans, de Rouen, de Lille, de Caen seront au repos, le soleil de Nice, de Cannes, d'Hyères et du Golfe-Juan enverra aux quatre coins de l'Europe des bouquets ravissants de *Safrano*, de *Niel*, de *Niphétos*, de *Lamarque*, de *Malmaison*, de *Gloire de Dijon*, de *Homère*, de *La France*, de *Marie Van Houtte*, de *William Allen*, de *Gloire des rosomanes*. . . .

N'avons-nous pas, d'ailleurs, les forceries qui ne nous laissent jamais chômer de roses en hiver? Depuis le jardinier Legrand qui, vers 1776, en fut le précurseur, depuis le fleuriste Laurent

ont été opérées dès 1825 par Vilmorin, Laffay, Cugnot, Péan, Hardy, Sisley; elles se continuent entre roses remontantes augmentées des espèces *polyantha*, *rugosa*, etc. Les nombreuses variétés se rangent dans ces diverses catégories. Exemple :

Bengale *Cramoisi supérieur*, né en 1832; *Hermosa*, en 1840; *Ducher*, en 1829;

Noisette *Aimée Vibert* (1828), *Ophirie* (1841), *Solfatare* (1843), *Céline Forestier* (1842), *Zélia Pradel* (1861), *Bouquet d'or* (1871), *William Allen Richardson* (1878);

Thé *Adam* (1832), *Bougère* (1833), *Sombreuil* (1851), *Gloire de Dijon* (1853), *Homère* (1858), *Belle Lyonnaise* (1869), *Catherine Mermet* (1869), *Mademoiselle Marie Van Houtte* (1871), *Souvenir de Paul Neyron* (1871), *Perle des jardins* (1874), *Madame Lambard* (1877), *Jules Finger* (1878), *Reine Marie-Henriette* (1878), *Francisca Krüger* (1879), *Beauté de l'Europe* (1881), *Madame Eugène Verdier* (1882);

Île-Bourbon *Mistress Bosanquet* (1832), *Reine des Île-Bourbon* (1834), *Souvenir de la Malmaison* (1843), *Louise Odier* (1851), *Madame Pierre Oger* (1878);

Hybride *Duchesse de Cambacérès* (1849), *Général Jacqueminot* (1853), *Jules Margottin* (1853), *Prince Camille de Rohan* (1861), *John Hopper* (1862), *Charles Margottin* (1863), *Madame Victor Verdier* (1863), *Marie Baumann* (1863), *Mademoiselle Thérèse Levet* (1864), *Monsieur Boncenne* (1864), *Abel Grand* (1865), *Élisabeth Vigneron* (1865), *Coquette des blanches* (1867), *La France* (1867), *Baronne de Rothschild* (1868), *Duc d'Edimbourg* (1868), *Paul Neyron* (1869), *Bessie Johnson* (1872), *Captain Christy* (1873), *Jean Liabaud* (1875), *Magna Charta* (1876), *Ulrich Brunner* (1881).

À notre époque appartiennent les modes de greffage du Rosier. La greffe forcée, sous verre, remonte à Descemet, en 1813, et la greffe sur racine à Utinet, en 1840.

qui chauffait 50,000 rosiers, il y a bientôt cinquante ans, comptez le nombre de bâches consacrées à cette industrie. Comptez les milliers de Rosiers *du Roi, Jules Margottin, Paul Neyron, rose de la Reine, Captain Christy, Jacqueminot, Baronne Adolphe de Rothschild, Merveille de Lyon, Lamarque, Célina Dubos, Safrano, Madame Boll, Souvenir de la reine d'Angleterre, La France, Madame Falcot, Cambacérès, Anna de Diesbach, Souvenir de la Malmaison, Pœnia, Cramoisi, Bosanquet, Niphétos, Salet,* etc., soumis à cette épreuve !

Pardon ! Nous oublions la rose Mousseuse, rapportée d'Angleterre en 1807, devenue remontante dans la Moselle, en 1830.

Quittons les roses, non sans regrets. Voici les nouvelles recrues, ignorées avant la Révolution et qui, par leur « robustesse », ont gagné des lettres de naturalisation.

Ici encore, l'immense superficie de la Chine et le Japon, par ses climatures extrêmes et son sol marin ou volcanique, seront pour nous une mine inépuisable.

En fait d'espèces aux tiges volubiles, l'Akebia, l'Actinidia, le Kadsura, des Ampelocissus, d'un effet agréable.

Les arbustes non grimpants comprennent entre autres :

L'Abélie, sous-arbrisseau simulant un Chèvrefeuille nain ;

Le Buddleia, fort élégant dans sa floraison ;

Le Chænomeles, vulg. « Cognassier du Japon » ; l'espèce dite *à ombilic* produit une variété de nuances dans la corolle ;

La Badiane, le Corylopsis, de moyenne taille, joli feuillage ;

Les Desmodium, Indigofera, Lespedezza, sortes de Sainfoins à tiges suffrutescentes et floribondes fin de saison ;

L'Exochorda à fleurs printanières, genre voisin des Spirées ;

Le Deutzia, se couvrant de petites grappes blanches ou lilas ;

L'Idésie, arbrisseau dioïque, feuille large, fruit industriel ;

Le Fontanesia, rameaux fluets à floraison précoce ;

Le Forsythia, avec ses corolles citron groupées ou disposées en véritables guirlandes ;

Plusieurs Hydrangéas, entre autres l'Hortensia en 1790 par

Banks, en 1771 par l'astronome Legentil; ses corymbes rose-clair passent à l'ardoisé sous l'influence des terrains ferrugineux;

Le Marlea, le Cardiandra, gélisses dans nos climats variables;

Le Mume (1878) ou Prunopsis, une des premières fleurs au réveil de la nature, ayant sa place dans tous les jardins;

Le Phellodendron, arbre au liège, dioïque, trouvé sur les bords du fleuve Amour en 1857, par le voyageur russe Maximowicz;

La Pivoine en arbre (1797), d'un effet magnifique par ses fastueuses corolles rappelant, avec ses congénères herbacées, les noms de Noisette, de Mathieu, de Margat, de His, de Modeste Guérin, de Burdin, de Verdier, de Jacques, de Paillet, de Callot, de Lémon;

Le Pterostyrax, robuste, beau feuillage, fleur blanche;

Le Rhodotype, arbuste de premier plan, fleurissant de bonne heure ses corolles blanc de lait;

La Ligustrine, région de l'Amour et de l'Ussuri, arbrisseau reliant le Troène au Lilas;

Le Xanthoceras de la Mongolie, distingué par sa floraison et sa fructification; rapporté par l'abbé David, en 1868.

A côté de ces espèces à feuilles décidues, la verdure perpétuelle animera nos salons et nos bosquets avec d'intéressants végétaux chinois ou japonais, à feuillage persistant :

Les Aralias du Japon ou de Formose; leur aspect les éloigne des similaires aux feuilles caduques et bipennées;

Les Aucubas, qui ont modifié le ton de leur feuillage et l'ont accompagné de baies vermillonnées dès l'arrivée du type *mascula* en France, il y a vingt-cinq ans, chez Thibaut et Keteleer et chez Lemoine. Le plant mâle trouvé le 7 avril 1861, par Fortune, chez le docteur Hall à Yokohama, fut cédé « au poids de l'or » à son ami Standish, qui le propagea aussitôt par la greffe et répandit le type femelle après la fécondation accomplie;

Le Bibacier, cité aux arbres fruitiers, feuillage étoffé, grappes florales en hiver suivies de fruits comestibles;

Le Daphniphyllum, Euphorbiacée d'un aspect particulier;

Les Fusains japonais, robustes en caisse ou en pleine terre, multipliant leurs panachures. L'explorateur von Siebold nous déclarait que les Japonais obtenaient ces variantes à volonté;

Les Mahonias, désormais séparés des Épine-vinettes, même famille; les espèces japonaises ont le feuillage coriace et acéré;

Le Nandina au feuillage tripenné, aux baies carminées;

L'Osmanthe; sa fleur est employée là-bas à l'aromat du thé;

Le Photinia, caractérisé par son beau feuillage vernissé;

Le Picris, vulg. « Andromède du Japon », se couvrant, dès le mois de février, de grappes de fleurs nacrées, en grelot;

Le Pseudœgle, Citronnier du Japon, à petit fruit acidulé;

Les Raphiolepis, fleuris au printemps, greffables sur cognassier ou sur épine, comme le Bibacier et le Photinia;

Les Skimmias, aux panicules de petits fruits, rouge cinabre.

Nous avons cité les Fusains; nous aurions pu nommer, au même titre, des Troènes, des Houx, dont les caractères extérieurs tranchent avec nos races locales.

En dehors de la Chine et du Japon, nous devons à l'Asie d'autres beautés végétales, dites « à fleur » ou « à feuillage » :

1° De l'Asie-Mineure :

L'Althéa, Ketmie ou Mauve de Syrie, fleurissant nos bosquets, vers la fin de l'été, de larges corolles simples ou multiples;

La Bourgène de l'Iméritie ou du Liban, à grande feuille;

Le Liquidambar d'Orient, d'un beau port pyramidal;

Le Prunier cerise ou Myrobolan, s'étendant jusqu'à la Perse, bon sujet porte-greffe du Prunier et de l'Abricotier;

Le Phillyrea de Vilmorin, à feuille de laurier, un de nos plus jolis arbustes verts et des plus rustiques, trouvé en 1866 par Balansa, au sud-est de la mer Noire;

L'Andrachné, sorte d'Arbousier vigoureux, à grande feuille.

2° Du Turkestan et de l'Afghanistan :

Différents Chênes, des Aubépines, des Saules, des Peupliers.

3° De la Colchide et du Caucase :

Un Staphylier élégant et florifère qui se soumet au forçage mieux que les Lilas, importé il y a trente-cinq ans environ;

Le Zelkowa, confondu avec le Planéra, espèce voisine;

Quelques « formes » remarquables à feuillage plus grand ou plus compact du Laurier-amande;

Le Lierre de Rægner, un des plus beaux du genre;

Des Amandiers, des Clématites, des Cotonéasters, des Cytises, des Daphnés, des Épine-vinettes, des Érables, des Fusains, des Jasmins, des Smilax.

4° De la Sibérie et de la Daourie :

Des Bouleaux, des Caraganas, des Cornouillers, des Groseilliers, le Peuplier à feuille de saule, des Ormes, des Saules;

La Potentille ligneuse de la Daourie;

Le Pommier à fruit bacciforme, dit « baccifère ou microcarpe », *Malus baccata* ou *cerasifera*, résistant au grand hiver, comme les arbustes de la Russie boréale; il a produit une collection fort intéressante de variétés à floraison agréable, à fruits minuscules ou à peu près, rappelant par leur aspect des cerises, des groseilles, des alises, des prunes ou de petites baies en cire.

5° Du Népaul et pays voisins : la flore de ces riches contrées nous a gratifiés de ses Amélanchiers, Cerisiers à grappes, Chamécerisiers, Chênes, Cotonéasters, Deutzias, Épine-vinettes, Gattiliers, Hydrangées, Millepertuis, Seringats, Troènes, Viornes assez différents des nôtres, du Leycesteria à tiges vert-rainette, et de la floribonde Clématite des montagnes;

6° De la Mandchourie : des Troènes et des Noyers, parfaitement distincts de leurs congénères.

Nous pourrions ajouter le Trachycarpus ou « Chamérops de Fortune » rencontré par l'heureux explorateur dans les vallées neigeuses des côtes orientales chinoises et des monts himalayens.

Enfin, les importations de l'Inde, de l'archipel de la Sonde, de l'Océanie, qui composent un bagage assez respectable.

Nos bosquets ont gagné de l'Amérique septentrionale :

Le vigoureux Amorpha, faux Indigo, aux épis violet sombre;

Les Andromeda, Cassandra et Cassiope, broussailles vertes mélangées aux Lédons, aux Menziésies, au Kalmia glauque, aux Rosages de Laponie, dans les forêts marécageuses des régions polaires et glaciales du Mackensie et du Labrador;

L'Aronia réintégré dans le genre Amélanchier;

L'Asiminier ou Anone trilobé des États-Unis méridionaux;

Le Baccharide de Virginie, vulg. «Seneçon en arbre», à effet automnal par ses aigrettes soyeuses;

Les floribonds et gracieux Céanothes, une perle de nos jardins, se couvrant de grappes légères et remontantes sur les versants torrides de la Sierra Nevada, ou sous les fourrés de l'Orégon et dans les crevasses porphyriques du Mexique;

Quelques Cerisiers, toujours verts à la façon de l'Azarero, moins robustes peut-être;

Le Choisya des montagnes mexicaines, bonne plante de climat tempéré, trouvée en 1866 par Hann, collecteur botaniste de la Commission scientifique française;

Des Groseilliers, parmi lesquels le Groseillier sanguin, rapporté en 1827 des Andes californiennes, le Groseillier doré (1813) des bords du Missouri, devenu sujet porte-greffe;

Certains Hydrangéas ligneux des bois pensylvaniens, des vallées de la Caroline, des cours d'eau de la Floride;

Des Mahonias robustes, quoiqu'on les eut livrés à la serre chaude en 1833, lorsqu'ils quittèrent les montagnes Rocheuses;

Des Noisetiers réfractaires aux grands froids;

Le Nuttalia porte-cerise, voisin des Spirées, produisant, par le semis, des plants monoïques ou dioïques;

Le Pavier de Californie, grand buisson de pied franc, jetant ses thyrses spiciformes nuancés beurre frais;

Les jolis Robiniers glutineux (1797), et rose (1747), aux grappes carnées ou rose foncé; beaux arbres des lieux abrités de la Virginie et de la Caroline;

Le Shepherdia du Canada, parent robuste de l'Argousier;

La Symphorine à fruit blanc, arrivée en 1812 des montagnes canadiennes, et l'espèce mexicaine en 1829;

Enfin, une série rustique de Saules, de Seringats, de Spirées, de Sumacs, de Sureaux, de Tecomas, de Troènes, de Viornes, qui se sont promptement répandus dans nos jardins.

Ajoutons les Vignes à grande arborescence des groupes *œstivalis*, *cordifolia*, *labrusca*, *rotundifolia*, *monticola*, tant recherchés depuis vingt ans pour seconder l'homme luttant contre le phylloxéra, l'ennemi du vignoble. Les plants américains vivant en intelligence avec le puceron souterrain sont devenus les sujets porte-greffes de nos cépages vinifères. Ces races constituent d'ailleurs de bons arbrisseaux grimpants, à beau feuillage, lent à tomber.

En parlant des Vignes américaines, n'est-ce pas l'occasion d'évoquer la mémoire d'André Michaux (1746-1800), leur importateur et de tant de magnificences végétales du Nouveau-Monde. Le jeune fermier de Satory, désolé d'un trop prompt veuvage, enthousiasmé des leçons de Jussieu, visite la Perse, parcourt l'Amérique du Nord, installe des pépinières d'études à New-York et à Charlestown, expédie en France 60,000 jeunes sujets d'essences forestières ou ornementales qu'il a minutieusement observées et décrites. Il part le 13 avril 1796 pour la France, où il arrive après un naufrage en vue de la Hollande. Son second voyage est pour la Nouvelle-Zélande; il s'arrête à Madagascar, et s'y éteint prématurément. Le fils de Michaux, François-André (1770-1855), continua son œuvre dendrologique.

Signalons encore les noms de l'académicien Louis Bosc (1759-1828), directeur des pépinières de Trianon et de Versailles, des horticulteurs Jean-Martin Cels (1743-1806), de l'Académie des sciences et Louis Noisette (1772-1849), qui ont propagé les végétaux d'outre-mer; celui-ci construisit le premier jardin d'hiver; enfin François Riché (1765-1838), bon multiplicateur, jardinier chef au Muséum, inventeur du bouturage à l'étouffée (1800).

Cels, dont l'éloge a été fait par Cuvier, seconde Madame Aglaé Adanson dans la composition du parc de Baleine; il avait ses entrées à la Malmaison avec Ventenat, Bonpland, Redouté, de Mirbel.

Conifères. — En raison de leur importance, nous classons à part les Conifères. Le rôle décoratif ou économique des arbres verts ou résineux leur a valu des hommages mérités et des études descriptives par des hommes de science et de pratique.

Autrefois, les dessinateurs de jardins devaient, faute d'autres, se borner à quelques Sapins et Pins, aux Cyprès et Genévriers, au Mélèze, à l'If, au Taxodier, au Thuia. Le xviiie siècle ne comptait guère que dix genres et quarante-cinq espèces d'arbres résineux.

Aujourd'hui, nos architectes paysagistes ont à leur disposition une infinie variété de feuillages et de végétations qui accentuent les perspectives et prolongent les horizons. Leur distribution intelligente donne au parc un cachet de grandeur que d'autres essences ne sauraient procurer et semble apporter à l'habitation une image de la vie éternelle.

Examinons les principaux genres de conifères :

L'Araucaria imbriqué, naturalisé sur les plages de la Manche, garde la facture originale qui le caractérise au Chili et dans les Andes araucaniennes; il est le plus rustique de la tribu Colymbea; plus délicats sont les Eutactas et les Dammaras des îles Moluques, de la Sonde, de Norfolk et de l'Australie orientale. De Nice à Monaco, ils ont retrouvé leurs conditions vitales.

Le Biota, vulg. « Thuia de Chine », est arrivé de l'Extrême-Orient; en 1751, on le choisit souvent comme arbre de cimetière ou de rideaux verts. Le Biota a fait souche de variétés d'un beau port ou de taille pygméenne, utilisables au jardin.

Après le Cèdre du Liban, cité précédemment et vivant là-haut sur la moraine d'un ancien glacier, où il a exalté l'enthousiasme de Chateaubriant et de Lamartine, signalons le Cèdre de l'Atlas (1842, chaîne algérienne), bien élancé, et l'élégant Cèdre de l'Inde, dit « Deodara », rapporté en 1822 des Andes du Népaul, à la limite des neiges perpétuelles.

Il faut remonter à une quarantaine d'années le débarquement des Céphalotaxus, au fruit drupacé, originaires de la Corée et de Nangasaki. — Le Torreya, au feuillage vert foncé, semblerait être un démembrement du même genre.

En 1842, se présente une Taxodinée, étrange de prime abord; c'est le grand arbre traditionnel des forêts Sud japonaises, le Cryptomeria. Remarquez son bois veiné au magasin des caisses d'emballage de la section japonaise... Vingt ans plus tard, arrivait le Cryptomeria élégant, digne de son nom.

A partir de 1838, des Cyprès aux tournures diverses sont expédiés du Thibet, du Népaul, de la Chine, du Guatémala, du Mexique et de la Californie; ils vont rompre la monotonie de nos vieux Cyprès divariqués ou fastigiés; témoins les beaux spécimens des pépinières Sahut, dans l'Hérault.

Du genre Cupressus, on a distrait le groupe Chamæcyparis ou Retinospora des montagnes asiatiques ou américaines.

A nos Genévriers viennent s'ajouter des espèces de moyenne stature, provenant de la Syrie orientale (le *Juniperus drupacea*, à l'aspect particulier), ou du Cachemire, de l'Ourato chinois, de la chaîne Hakone, de l'Altaï sibérienne, des Bermudes, de la Sierra Nevada, de la Grèce, de l'Espagne, que sais-je...? Des Genévriers, il en pousse partout; il existe tant de crêtes arides et de sols incultes dans les cinq parties du monde !

L'If, qui stationne de l'Algérie à la Norvège, reçoit d'Amérique quelques types similaires de belle venue. Le Japon nous fournit une espèce particulière qui le relie au genre Cephalotaxus, c'est le *Taxus adpressa* ou If tardif.

Le Sud américain se signale, vers 1848, par le Libocèdre, Valdivia chilien, et en 1863 par le Libocedrus tetragona, qui s'étend jusqu'au détroit de Magellan. Entre ces deux importations, enregistrons le Libocedrus doneana des montagnes boisées de la

Nouvelle-Zélande boréale, le vigoureux Libocedrus decurrens, vulg.
« Thuia gigantesque » de la Californie, ou « Cèdre à encens » de la
Sierra Nevada, fort bel arbre sous tous les rapports.

Aux Mélèzes d'Europe et d'Amérique, coquets dans leur bour-
geonnement au renouveau, ajoutons le Mélèze de Daourie (1827),
le Mélèze de Griffith (1850, Himalaya), le Pseudolarix Kæmpferi
(1858), Chine et Japon, genre immédiatement voisin, également
à feuillage tombant.

S'il nous fallait énumérer de la sorte le groupe si important du
Pin, nous dépasserions les limites accordées à une simple causerie.
Beaucoup d'espèces sont introduites, davantage de variétés en sont
résultées encore. Combien de formes, depuis les géants Pinus
Lambertiana[1] (1827, Montagnes Rocheuses) et Pinus Massoniana
(1862, plages de Kiusiu) jusqu'aux Pinus parviflora (1846) et den-
siflora (1862), que les Japonais torturent et « nanisent » dans d'élé-
gantes potiches glacées au Distylium racemosum !

Combien d'emplois jardiniques ou industriels, depuis l'élégant
Pinus excelsa de nos parcs (1823, Himalaya) jusqu'au Pinus rigida
(1828, États-Unis Est et Nord), connu dans le commerce des bois
sous le nom de « Pitch pin »! Cette dernière essence réfractaire aux
grands hivers, nous ne désespérons pas de la voir un jour, de
pied franc ou greffée, boiser et enrichir nos friches stériles.

Nous aurons la même sobriété en présence de la collection des
sapins. Le roi des arbres verts, l'Épicéa, *Picea excelsa*, noble dans
son port, a rencontré des espèces moins élancées et non moins dé-
coratives; tels, les Picea Morinda (1818, Himalaya Sud-Ouest),
Picea Menziesi (1831, Californie Nord), Picea orientalis (1837,
Iméritie, Caucase), les Picea Alcockiana et polita (1861), des flancs
du Fusi-Yama, la montagne sainte des Japonais.

---

[1] D'après une revue californienne, le Pin de Lambert, dit *Pin à sucre*, possède
encore des exemplaires « patriarches ayant supporté cinq ou six siècles de tempêtes »
menacés par les scieries nomades. Les Indiens de la Sierra Nevada se délectent de sa
résine sucrée, tandis que les ours la trouvent trop laxative...

Notre vieux Sapin des Vosges, Abies pectinata, a trouvé de rudes concurrents pour le décor des horizons chez les Abies grandis (1831, Colombie anglaise), Abies nobilis (1831, Californie Nord), Abies pinsapo (1837, Andalousie et Kabylie), Abies Nordmanniana (1848, chaîne Adscherienne au Caucase), Abies cilicica (1853, mont Taurus), tous de belle prestance.

Les autres sections ou tribus du genre Sapin nous apportent le Tsuga Brunoniana (1838, forêts du Boutan et de Gossainthan), le Pseudotsuga Douglasi (1826, Orégon, Washington), le Keteleria Fortunei (1850, Extrême-Orient), quelque peu capricieux dans leur nouvelle demeure. Et cependant le Sapin de Douglas forme des forêts épaisses de grands arbres; rappelons-nous le superbe plateau exposé en 1878 par le Dominion du Canada.

Nous arrivons au géant du monde végétal, au Sequoia, appelé d'abord « Wellingtonia ». Découvert en 1831, vers la source de San Antonio, en Californie, et sur les parties élevées de la Sierra Nevada, par l'explorateur Douglas (1799-1834) qui devait périr d'une façon si malheureuse dans l'île d'Hawaii, des Sandwich, le Sequoia gigantesque fut importé en France par notre consul Boursier de la Rivière, en 1853, et s'y est rapidement propagé par semis ou par bouture. Dès l'année 1857, la maison Paillet livrait dix mille boutures enracinées et trente mille en 1860.

Le pèlerinage au pays d'origine a prouvé que le tableau incomparable du Mammoth grove, quoique ravagé par le feu des Indiens, n'avait rien d'exagéré. On peut se douter du spectacle saisissant, « terrifiant », d'après Douglas, offert au touriste par ce colosse dont la cime pourrait atteindre le second étage de la Tour Eiffel, et dont le tronc mesure de 20 à 30 mètres de circonférence.

Et pendant vingt siècles, paraît-il, l'Europe les aurait ignorés!... Mais la botanique fossile prétend que Sequoiées et Libocèdres composaient, à l'époque tertiaire, de vastes forêts de la zone arctique au Spitzberg, au Groënland, en même temps que les Protéacées de l'Océanie se rapprochaient de la Méditerranée actuelle.

Un représentant de la même famille, le Sequoia sempervirens, qui a buissonné, après le grand hiver, comme un arbre de taillis, a été apporté quinze ans plus tôt des mêmes contrées, végétant à une altitude plus basse et bénéficiant de la brume marine du Pacifique. On dit que son écorce, d'une nature fibrosubéreuse, est d'une épaisseur telle que de gros oiseaux peuvent y emmagasiner leurs provisions d'hiver.

Parlerons-nous du Sciadopitys, le « Pin à parasol »? Ce bel arbre, régulier dans la disposition de ses couronnes verticillaires, abonde dans les forêts japonaises de Koaya et décore la bonzerie ou les temples sacrés des familles princières. Il a été rapporté en 1861 par John Gould Veitch (1839-1870).

Le Taxodier trouvé, il y a longtemps, sur les bords fangeux de la Louisiane, où ses racines se laissent deviner par des érosions extérieures et un lacis de chevelus, a été doublé ou triplé vers 1837, par le Taxodium mucronatum du Mexique, par le Taxodium pendulum de la Chine.

Le Thuia, robuste par son berceau canadien, compte plusieurs variétés. Une espèce trapue, également rustique, le Thuia plicata ou Wareana, provient du Nord-Ouest de l'Amérique boréale (1796), tandis que le Thuia Lobbii ou Menziesii, originaire de la Californie (1858), est un arbre de plus grande envergure.

Enfin, l'acclimatation complète est acquise au Thuiopsis, à l'espèce dolabrata (1853, futaies ombreuses du Japon), au Thuiopsis lœte virens, apporté de la Chine boréale en 1861.

Cette énumération, déjà longue, suffit. Nous passerons sous silence quelques résineux de second ordre réclamant encore la protection du conservatoire vitré :

Le Dacrydium de la Nouvelle-Zélande, de la Nouvelle-Calédonie, de la Tasmanie;

Les Fitz-Roya et Saxe-Gothæa de la Patagonie;

Le Nageia du Japon, de Java, du Bengale;

Les Podocarpes, au feuillage épais, de diverses provenances;

Les Phylloclades de la Nouvelle-Zélande et d'autres localités;

Le Prumnopitys du Chili.

La France leur a ouvert ses portes; espérons qu'ils y gagneront leurs lettres de naturalisation.

Naturalisation, domestication, acclimatation, combien de fois ces mots ont été prononcés depuis cent ans! Quelle que soit la manière de les interpréter, on ne saurait nier qu'il importe de placer la plante vivante entourée des milieux qui s'assimilent le mieux à son existence normale, c'est-à-dire qui se rapprochent le plus de son pays natal, au point de vue des conditions géologiques et climatériques.

L'étude des Conifères, combinée avec les observations recueillies pendant le grand hiver, ne nous en fournit-elle pas l'exemple? En vivifiant la Champagne avec le Pin sylvestre d'Écosse et le Pin noir d'Autriche; en fertilisant les landes de Gascogne soit avec le Pin maritime, qui croît spontanément de la Méditerranée à l'Océan, en Italie et en Espagne, soit avec le Pin Laricio[1], originaire de la Corse et de la Sardaigne, nos prédécesseurs se sont conformés à ce principe si logique de l'émigration végétale.

Il n'en a pas été de même lors du boisement de la Sologne avec ces dernières essences méridionales. La règle de conduite de l'acclimateur n'a pas été observée; aussi la terrible et désastreuse catastrophe de 1879-1880, avec ses 80 jours consécutifs de gelée et le maximum, 25 degrés de froid, enregistré dans cette région déshéritée de la France, a-t-elle fait comprendre à l'homme que, dans les grandes entreprises agricoles, à ciel ouvert, il ne saurait transgresser impunément les lois de la nature!

[1] On voit, au Muséum, le premier exemplaire de Pin Laricio, planté en 1774 par Thouin et Antoine-Laurent de Jussieu (1748-1837), fondateur de la méthode naturelle, père d'Adrien de Jussieu, connu de nos contemporains, neveu de Bernard de Jussieu, qui a planté le Gros Cèdre, au Jardin du Roi et Trianon, avec les botanistes Richard.

Le Jardin du Roi est devenu le Muséum d'histoire naturelle, le 25 juin 1793, sur le rapport de Lakanal (1762-1845), président de la Commission d'Instruction publique à la Convention, d'accord avec Thouin, Desfontaines, Daubenton.

V. FLORICULTURE.

Quelle fâcheuse coïncidence ! La floriculture est bondée et l'heure nous presse. Peut-être sommes-nous restés trop longtemps attachés aux objets essentiels à la vie ! Il nous eût été cependant agréable de voir défiler tous ces représentants de la Flore exotique qui ont rencontré chez nous l'hospitalité la plus large. Les attentions, les soins ne leur ont pas manqué; la nourriture et le logement leur étaient garantis et leur reproduction réglée d'une façon sage et combinée. Sur plus d'un point, leur transformation est telle que, s'ils retournaient dans leur patrie, les naturels auraient peine à les reconnaître.

A chaque concours de l'Exposition universelle, le Trocadéro est tellement approvisionné, que notre visite aux fleurs pourrait se concentrer sur son domaine. Nous la ferons rapidement.

Ouvrons les serres à deux battants. Nous sommes en présence de sujets remarquables dans les genres principaux :

Les Palmiers, « ces princes altiers du règne végétal » suivant l'expression de Linné (1700-1778). Les régions intertropicales de l'Afrique et de l'Asie sont leur pays d'origine;

Les Fougères, plus cosmopolites, modèles de finesse et d'élégance dans le développement de la fronde;

Les Broméliacées de l'Amérique du Sud ou équatoriale, plantes étoffées dans leur feuillage, originales dans leur floraison, et plus rustiques qu'on ne l'avait supposé jusqu'alors;

Les Orchidées épiphytes ou terrestres, véritables bijoux à surprises, mises à la mode par les *dilettante* du culte des fleurs; ce sont les fleurs du paradis, d'après Henri Michelet.

Depuis l'importation du premier Dendrobium des Indes en 1812 par Roxburg; depuis les envois au Muséum par Guillemin, Houllet et Pinel, par Leprieur et Mélinon, par Perrotet, Goudot, Triana, et même par nos voisins de Belgique, Linden, Funck, Schlim, Makoy,

Ghiesbreght, Van Houtte, Verschaffelt, depuis les collections de Cels, Quesnel, Morel, Guneberg, Luddemann, Pescatore, d'Ayen, de Nadaillac, de Rothschild, Guibert, Furtado, de Saint-Innocent, Chauvière, Rougier, Lhomme, Bertrand, Binot, Mame; depuis les exhibitions de Jolibois, de Godefroy, de Truffaut, de Duval, de Chantin, jusqu'aux Cypripèdes étudiés chez Eugène Verdier, combien l'Asie, l'Afrique et surtout les contrées chaudes du nouveau continent en ont-elles récolté, au faîte des arbres, sur les troncs pourris, dans les mousses et les rochers, au profit de nos virtuoses! Nos hardis collectionneurs reviennent enthousiasmés de leur butin et n'hésitent pas à recommencer de nouvelles explorations à travers ces pays fortunés et à y entraîner des prosélytes non moins ardents.

En l'honneur de ces plantes hors pair, le high-life a dressé des autels avec grands prêtres et brûlé l'encens à chaque office. Mais Plutus veillait et les marchands ont eu leur chaire dans le temple!.... En ont-ils abusé? A vous de répondre.

Cependant l'aristocratique étrangère s'est familiarisée avec nos mœurs et laissé détacher sa parure en faveur de nos fêtes plébéiennes. Soyons reconnaissants envers les Orchidées. Le jour de l'ouverture de l'Exposition universelle, de rarissimes « colibris » ont illustré les splendides corbeilles de fleurs adressées par le Groupe de l'Horticulture à Madame Carnot, la digne femme du Président de la République française.

Continuons notre excursion. Les pavillons vitrés regorgent de Pandanées, de Cycadées indiennes, chinoises ou japonaises;

D'Anthuriums aux spathes éclatantes. Revoyons encore la magnifique découverte de notre camarade Édouard André, alors qu'il explorait la Nouvelle-Grenade, au mois de mai 1876. Supposerait-on que l'Anthurium Andreanum, à sa première floraison, souleva un mouvement d'affaires évalué à 100,000 francs? Le succès de cette Aroïdée tapageuse engagea de riches amateurs à se syndiquer pour l'organisation d'explorations lointaines;

De Caladiums [1], délicates brésiliennes aux toilettes chamarrées par leur amant fidèle, Alfred Bleu, qui les enlumine à volonté, à la façon du céramiste Bernard Palissy, — auteur du premier cours public d'histoire naturelle; l'artiste souffle ensuite les paillettes de son officine sur les humbles Soncrilla et Bertolonia qui deviendront ainsi les diamants de l'écrin végétal;

De Cactées et d'énormes Agaves de provenance mexicaine;

De Crotons (Moluques, Polynésie, Nouvelles-Hébrides, îles Salomon, Cochinchine), arbres au feuillage unique par ses macules, ses mouchetés, ses marbrures polychromes, multiplié avec succès par Chantrier, l'auteur de belles Aroïdées;

De Dracénas au port svelte, des îles Canaries, de Maurice et de la Nouvelle-Zélande;

De Gloxinias de l'Amérique du Sud, aux jolies fleurs penchées ou érigées, d'un coloris fin ou velouté, ravissant;

De Nepenthes (Madagascar, Bornéo, Ceylan), arbres curieux par la nervure des phyllodes, se terminant en ascidie représentant une urne munie de son opercule, d'un effet singulier;

Et d'une quantité d'immigrantes de haute lignée qui n'ont pas encore mérité la clef des champs. Parmi les moins frileuses, nos serres ont meublé les galeries de l'Exposition avec des plantes populaires « for the milion ».

Tels sont les Agératums, élevés ou nains, à fleur blanche, lilas ou bleu ardoisé, employés dans les compositions florales;

Les Bégonias [2], plantes de salon, belles dans leur feuillage épais, zébré, marbré, ponctué, teinté, et la série tubéreuse plus robuste

---

[1] Le Caladium bicolore, importé en 1785 chez Cels, avait été rencontré (1767) à Rio-Janeiro par Commerson, botaniste de l'expédition Bougainville. Dans ces parages, Baraquin, collecteur de Caladiums, mourut empoisonné en 1872.

[2] Le joli Begonia *Rex*, de l'Assam (pendant le siège de Paris, on a mangé ses feuilles à la façon de l'épinard, sur les conseils d'Auguste Rivière), et le Bégonia *Lubbers*, du Brésil, sont dus au hasard; ils ont germé ici dans la motte de terre qui entourait les racines d'autres plantes envoyées en France. Le Trocadéro nous fournit un exemple plus récent avec le Nicotiana *colossea*.

en pleine terre, avec ses fleurs simples ou doubles au coloris passant du blanc mat au grenat et au citron ; tous sont originaires des parties chaudes des deux Amériques et de l'Inde anglaise.

La duplication de la corolle staminée et la prolifération plus rare de la corolle pistillée leur donnent l'aspect d'une fleur pomponnée de camélia, d'anémone ou d'alcée.

Les croisements opérés sur le Bégonia tubéreux par Lemoine [1], de Nancy, et qui produisirent la fleur double dès 1873, furent continués par Malet, un maître fleuriste, par Robert, Lequin, Crousse, Comte, Thibaut, Fournier, Vallerand, etc. ;

Les Bouvardias du Mexique, aux corymbes lactés ou corallins de fleurs simples ou doubles recherchées par les bouquetières, comme la fleur d'oranger, comme le Gardénia de l'Inde et de Natal, simulant un camélia blanc, comme le Stephanotis, Asclépiadée de Madagascar, la fleur boutonnière des gentlemen d'Albion, qui embaumait notre serre chaude du Muséum en 1840 ;

Les Bruyères, véritables mousses arbustives de la dernière élégance, compagnes fidèles de Joséphine à la Malmaison ; et l'Erica du Cap, et l'Epacris d'Australie, adoptés par Michel ; leur culture est l'apanage de la région de Montreuil et de Saint-Mandé ;

Les Calcéolaires péruviennes avec leur escarcelle tigrée cerise ou chocolat sur fond crème, chamois ou canari. Les espèces sous-ligneuses, de pleine terre en été, sont de provenance chilienne ;

Les Cinéraires de Ténériffe, une sélection raisonnée a su fixer des groupes distincts par leur taille, par le coloris ou la duplicature de la fleur, toujours disposée en larges panicules corymbiformes. La fleur double est venue d'Erfurt, en 1868. Nous sommes loin du *Senecio cruenta* exhibé en 1809, au Frascati de Gand !

Le Cyclamen de Perse, si coquet lorsqu'il est emmoussé dans une garniture d'appartement ou perdu sur une pelouse ;

Le Fuchsia, trouvé sous les ombrages des forêts mexicaines ou

[1] Victor Lemoine est « l'horticulteur français qui a le plus fait pour l'amélioration de ces plantes. » (Rapport Eugène Fournier à la *Société centrale d'horticulture*, 1879.)

4.

chiliennes et sur les plateaux péruviens. Voilà une plante fortement travaillée par nos fleuristes; le calice de la fleur a modifié ses nuances, et la corolle, son ampleur; la fleur double se montre chez Bruneau à Paris, en 1847; l'anglais Henderson, le belge Cornelissen, les français Lemoine, Crousse, Boucharlat, la fécondent et réussissent. Un moment négligée, la plante favorite de Félix Porcher revient à la mode. Il faut dire que les importations, de 1821 à 1852, d'espèces inédites trouvées au Vénézuéla, à la Nouvelle-Grenade, à l'Ecuador, à la Guyane, ont rallumé le feu sacré des initiés à la fleur du R. P. Plumier;

L'Héliotrope aux bouquets parfumés, arraché au pays des Incas qui nous a déjà donné le Soleil tournesol, par Joseph de Jussieu, retenu prisonnier vers 1770. D'autres variétés d'Héliotropes sont arrivées vers 1820;

L'Hibiscus vient des États-Unis, de l'Australie, de la Réunion et de Madagascar; la Ville de Paris en tire un brillant parti pour le décor des salles de fête;

Les Lobélias, gracieux et bien variés, appartiennent aux Indes, à la Virginie, au Mexique, à la Nouvelle-Hollande. Le minuscule Lobelia erinus, du Cap, a son emploi en fine bordure et dans la mosaïculture florale;

Le Lantana, broussaille arrachée aux haciendas mexicaines, peut ici se dresser sur tige ou croître aux expositions chaudes;

L'Œillet connu depuis longtemps, colligé par Tripet, Duval, Barbot, Gauthier, Dubos, Ragonot, baron Ponsort, Friès-Morel, Tougard, Desaubry, obtint, il y a 50 ans, un regain de popularité. Dans la région lyonnaise, l'hybridation des types flamand, bichon et de Mahon, pratiquée par le jardinier Dalmais, continuée par Schmidt, le rend remontant, et, en 1850, Alégatière le perfectionne encore en fixant la race naine et la race ou tribu dite « à tige de fer »;

La Pélargonium est une perle du Cap de Bonne-Espérance. Le croisement du *zonale* du Cap, avec l'*inquinans* de Sainte-Hélène, a été le point de départ, croit-on, de ce genre éblouissant qui orne nos parterres tout l'été. La fleur double [1] et le feuillage panaché sont classés à part. Quoique charmant, le Pélargonium grandiflore ou de fantaisie, apporté du Cap vers 1794, paraît subir un moment d'arrêt depuis le type à cinq macules gagné par Duval, en 1848, et les fleurs doubles, ondulées, érigées ou striées;

Le Pétunia (Brésil et Plata), recherché pour la garniture des massifs et des bordures agrestes, bigarré dans son limbe, a doublé dans ses entournures, dès 1852, chez le concierge de la Banque de France, à Lyon, ensuite dans le jardin de Pelé à Paris, de Dumeta à Lyon, enfin nous le trouvons archidoublé d'étamines pétaloïdes, sous le pinceau fécondateur de Boucharlat à Lyon, de Rendatler à Nancy, de Tabar à Sarcelles;

Le Plumbago frais et bleu, cadeau précieux de l'Inde et du Cap;

Du Mexique au Canada, sont arrivées les diverses espèces de Pentstemons. Plus au Sud, le Salvia émerge des coteaux mexicains; plus au Sud encore, aux Andes brésiliennes, l'Abutilon.

Parcourant ainsi les steppes immenses, le bord des fleuves et les escarpements plus ou moins inacessibles du Mexique au Paraguay, nous rencontrons la Verveine, avec ses rameaux fluets couronnés de fleurettes en ombelle, grenat, garance, cerise, améthyste, prune, incarnat ou neige. La fleur striée date de 1862.

Une promenade géographique, un ordre chronologique seraient peut-être plus agréables à suivre, mais je crains que l'enseignement à tirer de cette conférence en soit affaibli. Continuons donc la méthode du groupement sans nous apitoyer sur le sort des variétés disparues. Ah! pour celui qui a vécu de la vie horticole depuis

[1] Le Pélargonium semi-double existait dans quelques jardins du Puy-de-Dôme lorsqu'en 1865, Victor Lemoine de Nancy féconda l'un d'eux, *Triomphe de Gergovia*, avec *Beauté de Suresnes*, et en obtint la corolle double *Gloire de Nancy*.

La fécondation artificielle continue son œuvre, et les fleurs doubles abondent. La race à feuille panachée céruse, crème ou groseille, est de source anglaise. Quant au Pélargonium *peltatum*, la seconde rangée de pétales trouvée à Breslau, il y a quinze ans, est venue se compléter à Nancy, chez Lemoine et chez ses collègues nancéiens,

5o à 6o ans, quelle hécatombe de célébrités éphémères! Combien le four crématoire des catalogues en a jeté au vent!

Si nous abordons la légion infinie des plantes annuelles, bis-annuelles ou vivaces, quels trésors l'importation nous réserve, et quelles surprises nous ménagent la sélection graduée, le hasard, le croisement volontaire ou accidentel!

Pendant que les fleuristes amélioraient ou «poussaient» à l'extrême nos propres ressources : l'Ancolie, l'Aster, le Coquelicot, la Dauphinelle, la Gesse, la Giroflée, le Lupin, le Muflier, le Myosotis, le Pavot, le Réséda, la Scabieuse, la Silène, le Souci, le Thlaspi, la Valériane, des étrangères prenaient droit de cité.

L'Amarante et la Célosie arrivent des Indes et du Népaul;

La Balsamine, de l'Inde, même la *glanduligère*, haute de 2 mètres; la plus modeste, *Sultan*, est de Zanzibar. Vers 1840, la maison Vilmorin fixe la Balsamine *camélia* du jardinier Boizot.

Les Campanules, qui nous sont venues d'un peu partout, épanouissant franchement leurs clochettes mignonnes ou leurs petites coupes argentées, le plus souvent nuancées bleu-faïence, bleu-marine, azur, saphir, nacre, lilas, turquoise ou indigo.

La Capucine naine ou grimpante, des Andes mexicaines Centre ou Sud, avec ses corolles éperonnées, brillantes de coloris feu, vermillonné, aurore, souci mordoré, bronzé ou orangé.

Le Chrysanthème de la Chine et du Japon, apporté à Marseille, il y a aujourd'hui cent ans, par Pierre Blancard. De nouvelles importations provoquèrent la fécondation de la fleur, le climat toulousain où la plante semblait cantonnée favorisant la maturation de l'ovaire; de là cette multiplicité de formes, de dimensions de la corolle et des nuances des ligules. Les peintres de fleurs se sont inspirés de ses tons «modernes»: vieil or, vieux rose, havane, caroubier, loutre, chaudron... j'en passe! Des sociétés et des journaux ont exalté les louanges de la «fleur d'or» et en ont exhibé les charmes au public. N'est-ce pas un peu la déesse du jour?

Centenaire aussi, l'arrivée du Dahlia. De Mexico, en 1789, il fait son entrée à Madrid. En 1802, le docteur Thibaud, botaniste de notre ambassade, l'envoie à titre de plante alimentaire au Muséum, qui le recevait en même temps de Humboldt[1] et de Bonpland en tournée sur les plateaux mexicains. Le célèbre jardinier académicien André Thouin (1745-1824) devine l'avenir floral de la plante et en commence le semis; le capitule prend toute sa plénitude, roule ses ligules en cornet et se transforme à l'infini. Aujourd'hui, quelle richesse dans la fleur, dans sa forme, son ampleur, sa tenue! quelle surprise dans les coloris! A part la nuance céleste, toute la palette du peintre y a passé. Imitons les maîtres : les Souchet, Miellez, Salter, Chauvière, Soutif, Chéreau, Quétier, Uterhart, Laloi, Jacquin, Guénot, Dufoy, et méfions-nous du Dahlia simple, à moins qu'il n'ait les qualités développées par les Dahlias gracilis et imperialis à Hyères, dès 1862. L'infatigable Roczl (1824-1885) les avait recueillis au Mexique.

De la Chine et du Japon, l'élégant Dielytra, le sombre Perilla, le charmant Hoteia dont les panicules blanches, fines et dressées sont précieuses aux fervents du culte de Marie.

Les Immortelles, toute une réunion d'espèces disparates sous un seul nom. L'industrie des bouquets et des couronnes de fleurs, où président le bon goût et la grâce féminine, a nécessité la recherche de « fleurs à couper ». Des villages de la Provence vivent de l'exploitation des plantes bulbeuses, des plantes à parfum, etc.; d'autres ont l'Immortelle jaune, d'Orient, par exemple les communes de Bandol et d'Ollioules, qui se sont distinguées aux funérailles de Gambetta, — créateur du Ministère de l'agriculture, — qui eurent lieu le 6 janvier 1883, la grande « journée des fleurs ».

L'Ipomée, des Deux-Mondes, délicate, volubile et floribonde.

[1] Par son influence auprès de l'armée ennemie, de Humboldt put faire préserver notre Muséum des conséquences de la guerre de 1814. Pareille immunité ne fut pas accordée à notre Établissement scientifique lors de la seconde invasion, en 1870, car les projectiles allemands ont été lancés sur le Jardin des Plantes (87 obus en 18 jours) et sur le Jardin du Luxembourg, malgré les protestations du monde savant...!

L'OEillet de Chine, aux tons cramoisis ou veloutés, propre aux bordures, comme le Tagète, dit « OEillet d'Inde ».

La Pensée des jardins, qui, depuis 1810, a élargi son masque au delà d'un écu de six livres en le fardant avec goût.

Les Phlox de l'Amérique du Nord, plante vivace avec les Phlox pyramidal, acuminé, ou annuelle avec le Phlox de Drummond, ou gazonnante à la façon des espèces *subulata, setacea.*

La richissime Pivoine, indigène ou exotique, si bien variée.

La Potentille doublant sa corolle, de 1852 à 1856, dans les jardins de Mauvier et de Lemoine.

La Pyrèthre rose du Caucase, qui a modifié sa livrée et doublé depuis quarante ans, chez Beddinghaus, Simon, Lemoine, Vilmorin.

Les Pourpiers de l'Amérique Sud, s'épanouissant au plein soleil, manifestant leur duplication en 1855, chez Lemoine.

De charmantes races d'appartement, la Primevère de Chine propagée par Soulange-Bodin dès 1822, et, depuis, le Primula cortusoides de Sibérie, plus rustique que l'espèce japonaise aux hampes verticillées. De 1838 à 1850, nous avons la fleur double, la fleur striée et la feuille frangée du type chinois.

La Reine-Marguerite de la Chine. Qu'il est loin de nous le disque floral de 1750, si humble lors de son entrée en France! Nous avons créé des races naines ou élevées, à fleurs imbriquées, couronnées, récurvées ou tuyautées, et se reproduisant par le semis des graines. La race fixée par Truffaut tient toujours la cote.

La Rose trémière, *Althæa rosea,* de Syrie, décor distingué de nos parcs, quand un repoussoir de verdure le fait valoir.

La modeste Violette, qui est devenue, à l'air libre ou sous verre, l'objet d'un commerce considérable en toute saison.

Le Zinnia, du Mexique. Ici encore, l'arrivée d'un plant à fleur pleine, de Tarascon et de Moulins, vers 1854, a révolutionné cette Composée rustique et florifère. En ce moment, l'élaboration est à la recherche de races touffues ou élancées, aux capitules bien accentués dans leurs nuances unicolores ou panachées.

Arrêtons là nos citations, bien que nous ayons négligé de beaux genres, tels que Clarkia, Collinsia, Coréopsis, Enothère, Gaillarde, Gilia, Godetia, des contrées Nord américaines. En parcourant les galeries réservées aux lots fleuris et renouvelés à chaque concours, on est émerveillé de la richesse et du nombre d'espèces vivaces ou annuelles présentées au public.

Ces mêmes exhibitions n'ont-elles pas été la réhabilitation des plantes bulbeuses, d'autant mieux que la tige florale détachée de la souche peut continuer — le pied dans l'eau — à parcourir les phases successives de son épanouissement!

Après les Iris de Lémon, de Jacques, de Modeste Guérin, de Victor Verdier, après les Tulipes et les Jacinthes de Tripet et Leblanc, de Pirolle, de Roussel, cent ans après les Anémones et les Renoncules qui ont fait les délices de nos pères, au temps de la splendeur des Primevères et des Auricules, voici des débutantes qui, d'un bond, s'élèvent au rang d'étoile.

Ces Glaïeuls, nés d'hier[1], et qui, par le labeur patient du semeur, à Gand d'abord, à Fontainebleau ensuite, puis à Nancy, ont grandi leur corolle et centuplé les touches fines et délicates, les tons vifs, doux ou nuagés de leurs pétales. Après le Gladiolus gandavensis si coquet, après le Gladiolus nanceianus si étonnant, quelles surprises nous ménagez-vous, heureux chercheurs?

Ces Lis exotiques, à corolle tubulée ou évasée, au fin coloris rehaussé de bandes dorées ou bronzées, de mouchetures ponceau, de reflets chamois, maïs ou cinabre, croissant à indiscrétion sur les montagnes japonaises, chinoises, himalayennes, caucasiennes, ou étalant leurs grâces sous les ombrages de l'Amérique boréale, sont

---

[1] Le Glaïeul de Gand obtenu en 1837, par Beddinghaus, résulte de la fécondation des Gladiolus *psittacinus* (Java, 1823) par les *floribondus* et *cardinalis* (Cap, 1789). Quelques années plus tard, Souchet, à Fontainebleau, croisait les nouveaux venus avec les Gladiolus *blandus* et *ramosus*. Enfin, dès 1875, les derniers gains croisés avec le Gladiolus *purpureo auratus* de Natal commencent cette série hybride à fleurs démesurées et à coloris resplendissant qui sera une des gloires de Victor Lemoine.

venus lutter avec nos enfants des Pyrénées, des Alpes, du Jura; mais les filles du Ciel fraîchement débarquées, qui ont étonné les visiteurs du Trocadéro, ne feront cependant pas oublier l'arrivée du Lilium lancifolium vers 1850, par Von Siebold, médecin de l'ambassade hollandaise au Japon, ni celle du Lilium auratum, envoyé de Tokio, dix ans plus tard, par John Gould Veitch fils, et s'épanouissant crânement en 1850, à Ivry, chez le rosiériste Charles Verdier.

Le Montbretia, Iridée du Cap; depuis cinq ans, une main exercée le transforme en l'hybridant[1] avec le Crocosmia.

Le Freesia, l'ancien Gladiolus refractus du Jardin des Plantes (1812), qui a tenté le pinceau artistique de Redouté. Plante à bouquet blanc, le Freesia a été accaparé par la culture forcée, comme la Jacinthe romaine, le Glaïeul de Colvill, et le coquet emblème de la Jeunesse, le Muguet, qui produit, sous verre et par an, pour 500,000 francs de fleurs dans la seule banlieue de Paris.

Et le Tritoma, cette Liliacée du Cap, éclatante et originale dans son expansion florale corail et citron.

Et ces ravissantes Amaryllis américaines, africaines ou asiatiques, et le Clivia de Port-Natal, flammé d'orange ou de minium, admirables décors de la serre et du boudoir.

Et tous ces Balisiers de l'Amérique australe, démontrant en cette saison qu'une plante à beau feuillage peut devenir ou rester une plante à floraison brillante, ou tout simplement agréable. Le métissage du Canna commencé en 1846 par l'amateur Année, qui avait étudié ce beau genre au Chili, fut continué par Chaté, par Crozy, par le personnel de la Muette, à la Ville de Paris, et antérieurement par Lierval; ce dernier n'a pu survivre à ses plantes mortes de froid pendant la guerre...

Et le Yucca, cette pittoresque et arborescente Liliacée de pleine

______

[1] La théorie de la fécondation et de l'hybridation exposée par Brongniart, par Delaire, par Lecoq, par Naudin, par Bernard Verlot, a donc rencontré des praticiens habiles pour la réaliser.

terre, de serre ou d'orangerie, extirpée, non sans peine, des ravins ou des rochers de l'Amérique septentrionále [1].

Nous comprenons l'extase de nos ancêtres devant la coupe d'une tulipe ou la facture d'une renoncule; mais s'ils eussent connu nos conquêtes dans le monde des fleurs, se seraient-ils ruinés pour un bulbe de *« Mariage de ma fille »* et Mehul se fût-il écrié, dans un accès de lyrisme, qu'un champ de renoncules était comparable aux mélodies de Gluck et de Mozart?

Trop longtemps négligées, les plantes aquatiques, travaillées par Denis Hélye, Armand Gontier, Latour-Marliac, réapparaissent sur nos eaux ou peuplent nos rivages, et les miniatures alpestres s'implantent dans les rocailles à toute altitude; parmi les premières, nous retrouvons au pavillon du Brésil la Victoria regia, cette Nymphéacée gigantesque, découverte, il y a quarante-cinq ans, par Bonpland et d'Orbigny, sur un affluent de l'Amazone, et qui nécessita une construction spéciale au Muséum.

La vogue continue aux plantes à feuillage ornemental vert ou coloré : les Bananier, Datura, Montagnea, Nicotiane, Persicaire, Rhubarbe, Ricin, Senecio, Solanum, Wigandia, etc., à grand développement, sont distribués sur les pelouses de gazon, tandis que les Alternanthères, les Coleus [2], les Irésines nuancés de rubis, de pourpre et d'amarante se massent en corbeilles ou entrent dans les combinaisons fantaisistes de la *« mosaïculture »* avec les Sedum et les Sempervivum; ces combinaisons ont leur raison d'être quand elles sont raisonnées sur le dogme de l'harmonie et du contraste des couleurs complémentaires professé par Chevreul (1786-1888).

Il n'est pas jusqu'aux Graminées, au Gynerium, l'herbe des

[1] Le Yucca a conservé son nom caraïbe, comme l'Akebia, l'Aralia, l'Aucuba, le Catalpa, le Gingko ont gardé leur dénomination *« de pays »*. D'autres végétaux rappellent un botaniste : Bouvard, Buddle, Clark, Collins, Dahl, Deutz, Forsyth, Fuchs, Kœlreuter, Lavater, Leschenault, Lippi, Lobel, Magnol, Martyn, Morin, Zinn, etc.

[2] Le Coleus a été exposé à Paris pour la première fois il y a bientôt quarante ans, sous le nom de *Plectranthus*, par Ryfkogel.

Pampas de Buenos-Ayres, à l'Eulalia du Japon, au Gymnotrix de Montevideo, au Maïs rubané blanc de lait, qui ne viennent, pendant la période centenaire, apporter leur note légère et vaporeuse de soprano dans le concert perpétuel de la symphonie des fleurs.

Nous sommes arrivés au but.

Notre promenade à travers les deux hémisphères ne démontret-elle pas que les plus jolies filles de la terre — les Fleurs — sont venues développer encore leurs charmes et faire consacrer leurs grâces ou leurs parfums dans notre patrie hospitalière où l'esthétique florale, où l'amour du Beau sont élevés à la hauteur d'un culte?

ARCHITECTURE DES JARDINS. — Avant de terminer, nous rendrons hommage à l'architecture des jardins qui a su tirer un parti heureux des précieuses et importantes conquêtes de l'homme sur toute la surface du globe. Par la science et le talent de ses maîtres, l'horticulture décorative n'a-t-elle pas encouragé les chercheurs, n'a-t-elle pas excité le zèle et l'abnégation des explorateurs en faisant valoir encore leurs trouvailles dans la composition des parcs et des jardins?

Le génie horticole[1] a donc préparé la voie de progrès dans laquelle il est entré lui-même, bravement, toutes voiles déployées; mais ici, il ne s'agit plus d'une simple retouche aux traditions séculaires, il fallait une révolution complète. Elle se fit lentement mais sûrement, tout en conservant son prestige et son autorité.

Au style majestueux et correct de Le Nôtre (1613-1700), le protégé de Colbert, anobli par Louis XIV, à son œuvre magistrale avait succédé le parc paysager avec ses lignes idéales, ses méandres gracieux, ses vallonnements habilement mouvementés, ses audaces même d'imagination, mais se rapprochant toujours des beautés, des splendeurs ou des harmonies de la nature.

L'initiative d'un favori de Louis XV, petit-fils de la belle jardi-

---

[1] Ce mot est ici l'équivalent de génie militaire, génie civil, génie rural.

nière du château d'Anet, — aimée, dit-on, par le roi « vert galant »
— Charles Dufresny (1648-1724), essayant ses inspirations à Vincennes et les premiers travaux du marquis René-Louis de Girardin
(1735-1808), au parc d'Ermenonville[1], chantés par l'abbé Delille
en 1782, dépassés plus tard à Bagatelle, à Monceau, à Morte-
fontaine, à Vaux, à Sceaux, à Chantilly, à Fromont, vinrent jalonner
la voie nouvelle. Menaçant déjà de s'égarer vers la niévrerie ou
vers le genre « rococo », sa mise au point définitive fut cependant
ajournée à la paix du monde; à ce moment de calme, en effet,
l'œuvre des Gabriel Thouin, des Varé, des Barillet-Deschamps, des
Buhler se dessine et prend rapidement son essor. La réputation de
nos artistes les appelle à l'étranger, auprès de grands personnages
ou d'administrations publiques. Leur triomphe au concours inter-
national de Sefton Park, à Liverpool, en 1867[2], et vingt ans
après, au concours du parc de la Liberté, à Lisbonne[3], n'est-il pas
la preuve éclatante de la supériorité des paysagistes français et de
la considération qui les entoure?

Ne sommes-nous pas, en ce moment, au faîte de leur art? Le
Trocadéro, jardin d'exposition, a été créé par la main puissante
qui a métamorphosé la capitale. Décor du parc Monceau; orne-
mentation des squares et plantations des boulevards avec les pépinières municipales de la Muette et d'Auteuil; transformation du
bois de Boulogne et du bois de Vincennes; enfin, de 1864 à
1867, coup de baguette magique qui a fait sortir des bas-fonds

[1] Jean-Jacques Rousseau, philosophe et botaniste, s'est éteint à Ermenonville, en
1778.

[2] Premier prix : M. Édouard André.

[3] Premier prix : M. Henri Lusseau;

Deuxième prix : M. Henri Duchêne;

Troisième prix : M. Eugène Deny;

Mentions honorables : MM. Francisque Morel; Jean-Pierre Durand; X...

Tous Français!

M. Charles Joly a publié les plans d'ensemble de nos lauréats, ce qui nous a permis
de les étudier et d'apprécier leur mérite.

de Belleville le parc des Buttes-Chaumont, modèle unique de grandeur étrange, de sauvagerie aimable, de luxe fantastique dans les
détails; nous ajouterons même que, dans ce quartier populeux,
le chef-d'œuvre du Directeur des travaux de la ville de Paris est
devenu un ferment de civilisation appliquée par l'influence seule
du jardinage. Conception hardie, exécution artistique. Le nom
glorieux de M. Alphand et de ses vaillants collaborateurs est inscrit
au Livre d'or de l'Horticulture française.

Telles sont les grandes artères du mouvement horticole pendant
un siècle et les résultats qu'il a donnés. Le progrès a-t-il été en
raison des sacrifices? Sommes-nous restés à la hauteur de la tâche?
Peut-être les générations futures trouveront-elles que nous avons
été bien naïfs ou quelque peu arriérés; mais nous pouvons dire,
sans forfanterie, que, dans l'histoire de l'Horticulture française,
aucune époque n'aura été plus féconde!

TABLE DES CHAPITRES.